KOSMOS

WERNER E. CELNIK

Kosmos
HimmelsPraxis
2006

Inhalt

**Zwölf Monate
volles Programm** **4**

Januar **6**
Sonne, Mond und Planeten im Januar 6
Stars am Winterhimmel 8
Saturn ganz groß im Blick 12

Februar **18**
Sonne, Mond und Planeten im Februar 18
Die besten Sichtbarkeiten der Planeten 20

März **26**
Sonne, Mond und Planeten im März 26
Totale Sonnenfinsternis am 29. März! 28

April **38**
Sonne, Mond und Planeten im April 38
Stars am Frühlingshimmel 40
Der dreifache Komet 73P/Schwassmann-Wachmann 3 .. 44

Mai **52**
Sonne, Mond und Planeten im Mai 52
Die Jupitershow 2006 – der Riesenplanet in Opposition . 54

Juni **58**
Sonne, Mond und Planeten im Juni 58
WebCam: die große Revolution mit kleiner Technik 60

Juli 64
Sonne, Mond und Planeten im Juli 64
Stars am Sommerhimmel 66
Die Lichtkurve des Veränderlichen Sterns Beta Lyrae 70

August 76
Sonne, Mond und Planeten im August 76
Einen Sternschnuppenregen live beobachten 78

September 84
Sonne, Mond und Planeten im September 84
Partielle Mondfinsternis am 7. September 86
Der Mond bedeckt das Siebengestirn 89

Oktober 92
Sonne, Mond und Planeten im Oktober 92
Stars am Herbsthimmel 94
Deep-Sky-Objekte am Fernrohr selbst beobachten 97

November 102
Sonne, Mond und Planeten im November 102
Planeten sind Wandelsterne, Kleinplaneten auch 104

Dezember 112
Sonne, Mond und Planeten im Dezember 112
Die Justierung des Fernrohrs selbst prüfen 114

Beobachtungsbuch 17

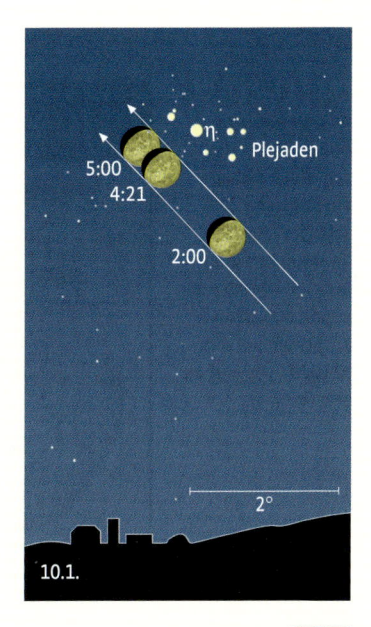

Inhalt 3

Zwölf Monate volles Programm

Liebe Leserinnen und Leser,

Mit diesem astronomischen Praxis-Jahrbuch wende ich mich ganz bewusst an den Einsteiger in die Himmelsbeobachtung. Dennoch soll auch der erfahrenere Beobachter etwas für sich aus dem Buch entnehmen können. So weise ich nicht nur auf die „Standard-Himmelsereignisse" hin, die in jedes Jahrbuch gehören, wie Auf- und Untergangszeiten von Sonne und Mond, die Mondphasen, Mond- und Sonnenfinsternisse. Auch sonst eher am Rande behandelte Ereignisse wie Sternbedeckungen und enge Vorübergänge von Himmelskörpern an anderen Objekten, werden mehr als nur erwähnt. Ab und zu sind dafür dann auch etwas größere Instrumente erforderlich, die man nicht gerade als typische Einsteigerteleskope bezeichnen kann. Der Einsteiger wird es verzeihen. Zeigt ihm dies doch, dass man mit etwas mehr Erfahrung und etwas größeren Instrumenten mehr und auch andere Dinge beobachten kann als mit einem Fernglas oder mit kleinen Teleskopen. Das Hobby bietet uns also zukünftig spannende Ausbaumöglichkeiten!

Selbst wenn Sie an der einen oder anderen Stelle nicht so erfolgreich beobachten konnten wie erhofft, dann ist das kein Beinbruch, denn es ist auch in der Astronomie noch kein Meister vom Himmel gefallen. Vielleicht stimmten einfach die Wetterbedingungen nicht?

Die Auf- und Untergangszeiten für Sonne und Mond stammen vom US-Naval-Observatorium, die Zeiten der Sonnenfinsternis basieren auf Daten von Fred Espenak (NASA/GSFC). Alle anderen Angaben, wie die Auf- und Untergangszeiten der Planeten, Kometen und der anderen Himmelsobjekte, die außerhalb der monatlichen Tabellen im Text genannt werden, wurden mit der Software GUIDE 8.0 (Project Pluto) ermittelt. Sofern im Inhalt nicht anders vermerkt, beziehen sich alle Zeitangaben auf den Beobachtungsort bei 10° östlicher Länge und 50° nördlicher Breite. Alle Zeitangaben, die mit der Rotation der Erde zu tun haben (also alle Auf- und Untergangszeiten, Dämmerungszeiten, …) sind standortabhängig und weichen an anderen Standorten von den angegeben Zeiten ab. Alle Zeiten sind in Mitteleuropäischer Zeit (MEZ)

Sofern nicht anders angegeben, sind alle Zeiten in diesem Buch Mitteleuropäische Zeit (MEZ). Wenn die Sommerzeit gilt, muss man entsprechend eine Stunde addieren, um die aktuelle Uhrzeit zu erhalten.

Sonne, Mond und Planeten
Der Sternenhimmel um 22 Uhr MEZ
Januar 2006

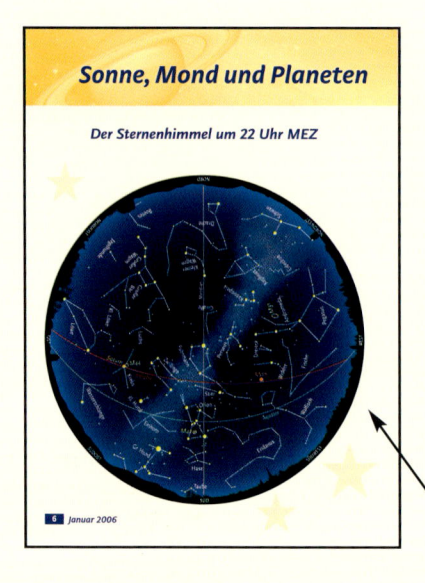

Monatlich aktueller Sternenhimmel mit Planetenpositionen für 22 Uhr MEZ

angegeben. Zur Zeit der Umstellung auf „Sommerzeit" (MESZ) müssen Sie zu allen Zeitangaben eine Stunde addieren, also vom 26. März bis zum 29. Oktober 2006.
In den monatlichen Beobachtungsprojekten finden sie Hinweise und Anleitungen, wie man solche Beobachtungen praktisch durchführen kann. Aufsuchkarten für die Objekte erleichtern die Beobachtung.
Dieses Buch ist in Zusammenarbeit mit den Amateur-Astronomen der Vereinigung der Sternfreunde e.V. (VdS) entstanden. Die verschiedenen Fachgruppen der VdS und auch einzelne Amateure haben über die allgemein bekannten Ereignisse hinaus aus ihren spezifischen Themenbereichen und Erfahrungen wertvolle Hinweise und auch Bildmaterial zum Inhalt dieses Buches beigesteuert. Dafür danke ich allen Beteiligten ganz herzlich! Sie haben wesentlich zur Qualität des Jahrbuches beigetragen.

Informationen über die vielen Fachgruppen der VdS, auch Adressen von Ansprechpartnern zu verschiedenen Themen der Amateur-Astronomie, und eine Übersicht über das Angebot der VdS für Mitglieder erhalten Sie von der Geschäftsstelle der VdS, Am Tonwerk 6, D-64646 Heppenheim. Oder schauen Sie einmal rein bei http://www.vds-astro.de.

Ihnen, liebe Leserinnen und Leser, als Freunde der Beobachtung des Sternhimmels und seiner Objekte, wünsche ich viel Spaß und Erfolg bei Ihren Beobachtungen! Dieses Buch wird Ihnen dabei sicher eine Hilfe sein.

Ihr
Werner E. Celnik

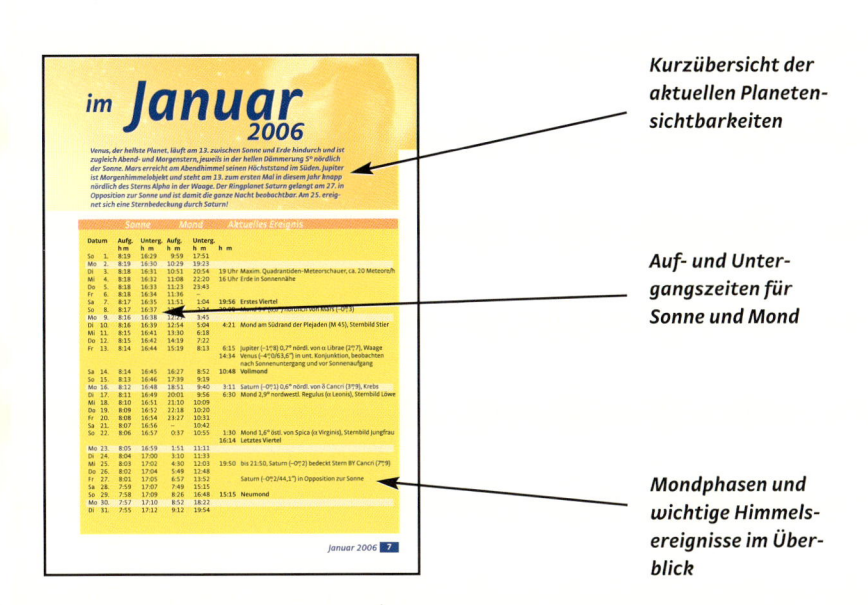

Kurzübersicht der aktuellen Planetensichtbarkeiten

Auf- und Untergangszeiten für Sonne und Mond

Mondphasen und wichtige Himmelsereignisse im Überblick

Sonne, Mond und Planeten

Der Sternenhimmel um 22 Uhr MEZ

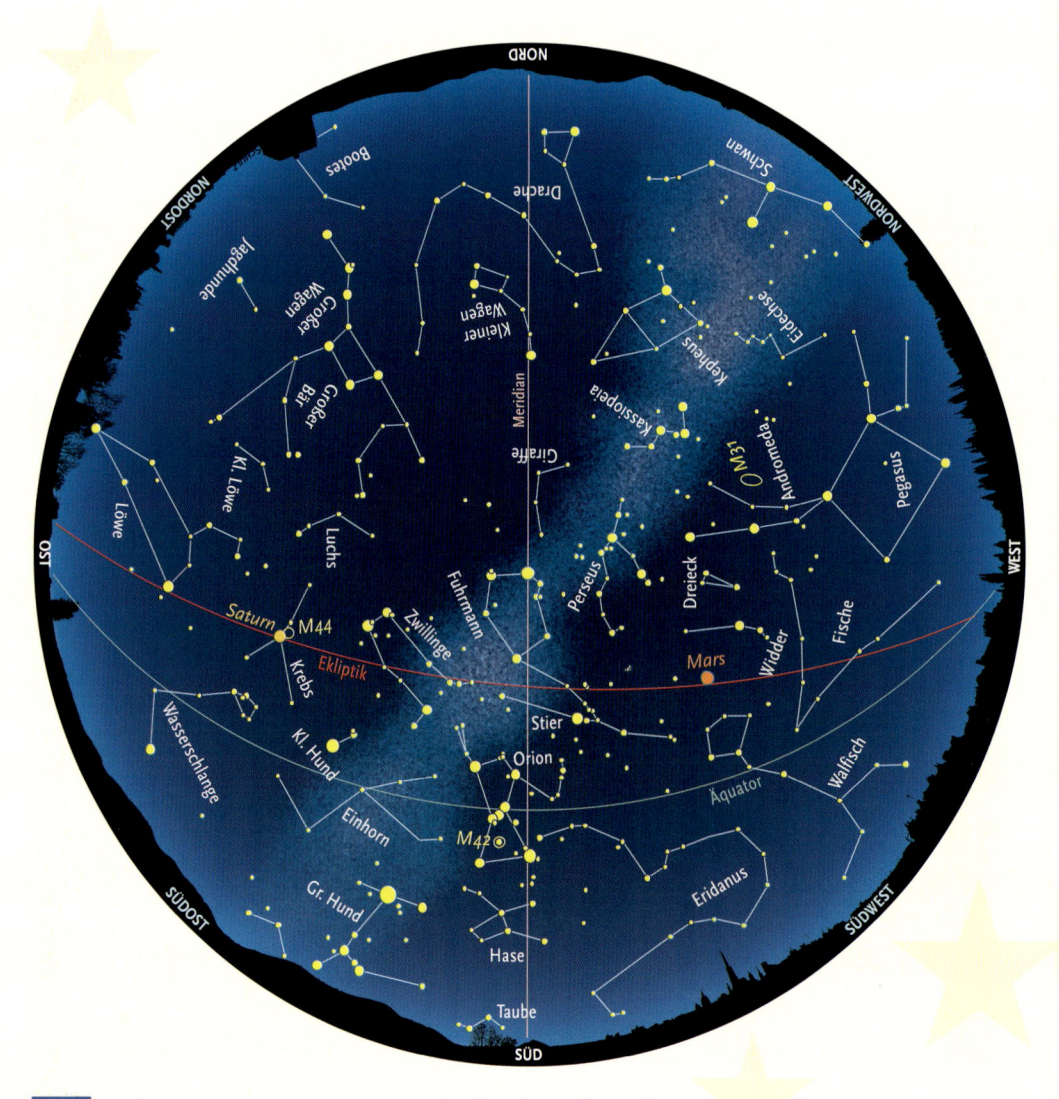

Januar 2006

im Januar 2006

Venus, der hellste Planet, läuft am 13. zwischen Sonne und Erde hindurch und ist zugleich Abend- und Morgenstern, jeweils in der hellen Dämmerung 5° nördlich der Sonne. Mars erreicht am Abendhimmel seinen Höchststand im Süden. Jupiter ist Morgenhimmelobjekt und steht am 13. zum ersten Mal in diesem Jahr knapp nördlich des Sterns Alpha in der Waage. Der Ringplanet Saturn gelangt am 27. in Opposition zur Sonne und ist die ganze Nacht beobachtbar. Am 25. findet eine Sternbedeckung durch Saturn statt!

Datum		Sonne Aufg. h m	Unterg. h m	Mond Aufg. h m	Unterg. h m	Aktuelles Ereignis h m	
So	1.	8:19	16:29	9:59	17:51		
Mo	2.	8:19	16:30	10:29	19:23		
Di	3.	8:18	16:31	10:51	20:54	19 Uhr	Maxim. Quadrantiden-Meteorschauer, ca. 20 Meteore/h
Mi	4.	8:18	16:32	11:08	22:20	16 Uhr	Erde in Sonnennähe
Do	5.	8:18	16:33	11:23	23:43		
Fr	6.	8:18	16:34	11:36	–		
Sa	7.	8:17	16:35	11:51	1:04	19:56	Erstes Viertel
So	8.	8:17	16:37	12:07	2:24	20:08	Mond 34' (0,6°) nördlich von Mars (–0^{m}3)
Mo	9.	8:16	16:38	12:27	3:45		
Di	10.	8:16	16:39	12:54	5:04	4:21	Mond am Südrand der Plejaden (M 45), Sternbild Stier
Mi	11.	8:15	16:41	13:30	6:18		
Do	12.	8:15	16:42	14:19	7:22		
Fr	13.	8:14	16:44	15:19	8:13	6:15	Jupiter (–1^{m}8) 0,7° nördl. von α Librae (2^{m}7), Waage
						14:34	Venus (–4^{m}0/63,6″) in unt. Konjunktion, beobachten nach Sonnenuntergang und vor Sonnenaufgang
Sa	14.	8:14	16:45	16:27	8:52	10:48	Vollmond
So	15.	8:13	16:46	17:39	9:19		
Mo	16.	8:12	16:48	18:51	9:40	3:11	Saturn (–0^{m}1) 0,6° nördl. von δ Cancri (3^{m}9), Krebs
Di	17.	8:11	16:49	20:01	9:56	6:30	Mond 2,9° nordwestl. Regulus (α Leonis), Sternbild Löwe
Mi	18.	8:10	16:51	21:10	10:09		
Do	19.	8:09	16:52	22:18	10:20		
Fr	20.	8:08	16:54	23:27	10:31		
Sa	21.	8:07	16:56	–	10:42		
So	22.	8:06	16:57	0:37	10:55	1:30	Mond 1,6° östl. von Spica (α Virginis), Sternbild Jungfrau
						16:14	Letztes Viertel
Mo	23.	8:05	16:59	1:51	11:11		
Di	24.	8:04	17:00	3:10	11:33		
Mi	25.	8:03	17:02	4:30	12:03	19:50	bis 21:50, Saturn (–0^{m}2) bedeckt Stern BY Cancri (7^{m}9)
Do	26.	8:02	17:04	5:49	12:48		
Fr	27.	8:01	17:05	6:57	13:52		Saturn (–0^{m}2/44,1″) in Opposition zur Sonne
Sa	28.	7:59	17:07	7:49	15:15		
So	29.	7:58	17:09	8:26	16:48	15:15	Neumond
Mo	30.	7:57	17:10	8:52	18:22		
Di	31.	7:55	17:12	9:12	19:54		

Stars am Winterhimmel

Der Wintersternhimmel ist eigentlich der schönste aller Jahreszeiten, denn hier finden wir die größte Ansammlung heller Sterne am ganzen Himmel. Dies ist auch an weniger dunklen Standorten auffällig. Haben wir jedoch einen dunklen Beobachtungsort möglichst weitab der lichtüberfluteten Stadtregionen gefunden, so können wir auch die Wintermilchstraße beobachten.

1.1 So findet man den offenen Sternhaufen M 38 im Sternbild Fuhrmann.

Wie schon im Vorjahr, so möchte ich auch diesmal die Aufmerksamkeit des Einsteigers auf einige Objekte richten, die wir mit bloßem Auge oder kleinen Instrumenten am Winterhimmel finden. Das bekannte „Wintersechseck" heller Sterne wird aufgespannt von folgenden Sternen: Sirius im Sternbild Großer Hund, Procyon im Kleinen Hund, Pollux in den Zwillingen, Capella im Fuhrmann, Aldebaran im Stier und Rigel im Orion.

Beteigeuze, der helle rote Schulterstern im Orion, steht etwa in der Mitte des Sechsecks. Er erreicht seinen Höchststand im Süden am 15. Februar um ca. 20:30, am 15. Januar erst zwei Stunden später (22:30), am 15. März gegen 18:40, also 2 Stunden früher. Da die Abenddämmerung Mitte Februar bereits gegen 19:30 beendet ist (Mitte Januar 18:45, Mitte März 20:15) steht der Beobachtung nichts im Wege, nur einen dunklen Standort sollte man aufsuchen.

Im letzten Jahr habe ich den offenen Sternhaufen M 35 im Sternbild Zwillinge sowie den Rosettennebel (NGC 2237-46) im Sternbild Einhorn und den Flammennebel NGC 2024 im Sternbild Orion vorgestellt. Diesmal geht es um den Sternhaufen M 38 im Sternbild Fuhrmann (lat.: Auriga), um den Doppelstern ν^1 (nü 1) CMa im Sternbild Großer Hund (Canis Major) und den Krabbennebel M 1 im Sternbild Stier (Taurus).

Offener Sternhaufen M 38

Der 4300 Lichtjahre entfernte offene Sternhaufen mit der Nummer 38 im Katalog von Messier (und als NGC 1912 im New General Catalogue) ist mit einer Helligkeit von 6^{m}4 bereits mit einem kleinen Feldstecher erkennbar (Abb. 1.1). Er ist fast genau in der Mitte der gedachten Verbindungslinie zwischen den beiden hellen Sternen ϑ (theta) und ι (iota) Aurigae zu finden (Abb. 1.2). Sein relativ großer Winkeldurchmesser von 21,0′ entspricht 2/3 eines Vollmonddurchmessers. M 38 ist daher auch ein sehr schönes Fernrohrobjekt. Die ideale Vergrößerung mit einem kleinen Fernrohr ist die, mit der man den Sternhaufen noch ganz in seinem Umfeld erfassen kann (Abb. 1.3). Ausprobieren!

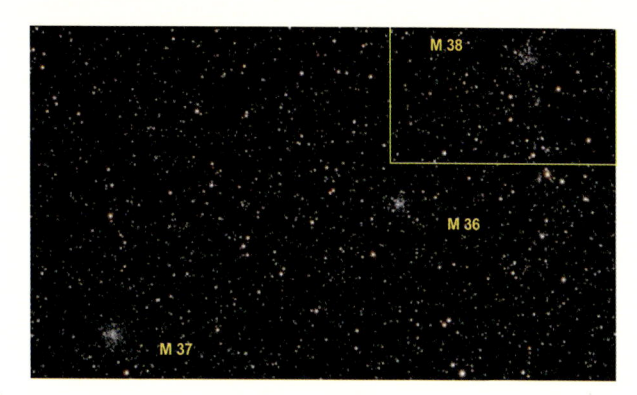

1.2 Markierter Ausschnitt aus Abb. 1.1 mit den Sternhaufen M 36, M 37 und M 38 (Foto: Stefan Ueberschaer).

1.3 Ein halbes Grad unterhalb von M 38 steht ein entfernterer, kleinerer Sternhaufen: NGC 1907 (Foto: Bernd Koch).

Januar 2006

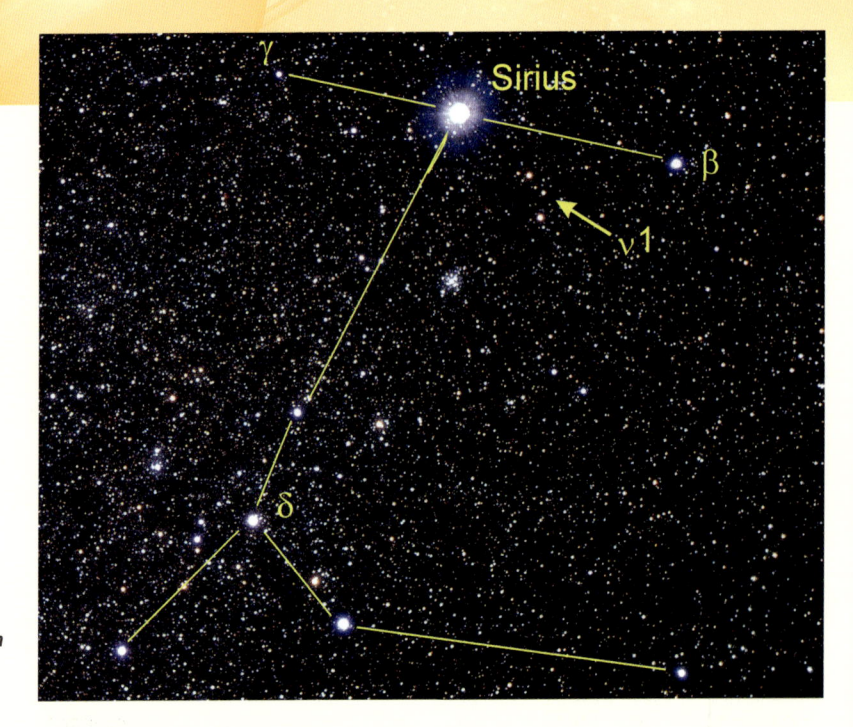

1.4a Aufsuchkarte für ν¹ CMa im Sternbild Großer Hund.

1.4b So sieht der Doppelstern ν¹ CMa bei mittlerer Vergrößerung im Okular aus, Breite des Gesichtfeldes ca. ½ Grad.

Doppelstern ν¹ CMa

Der Doppelstern ν¹ im Sternbild Großer Hund steht unweit von Sirius, dem Hauptstern dieses Sternbildes (Abb. 1.4). Es ist der mittlere Stern einer Dreiergruppe, unterhalb der Mitte der gedachten Verbindungslinie zwischen Sirius und β (beta) CMa. Man beginnt mit der kleinsten Vergrößerung des Teleskops, um den Stern zu identifizieren, und tastet sich nach und nach zu hohen Vergrößerungen vor. Der Doppelstern zeigt bei förderlicher Vergrößerung im kleinen Teleskop (= Optik-Durchmesser in Millimetern × 2) zwei Komponenten im Abstand von 17,5″. Die hellere Komponente ist 5ᵐ8 hell, die schwächere 8ᵐ5; hell genug selbst für 60-mm-Fernrohre. In größeren Amateurteleskopen, z. B. in einem 20-cm-Schmidt-Cassegrain-Teleskop, erkennt man sehr schön die unterschiedlichen Farben der beiden stellaren Komponenten: zartgelb und bläulich.

Krabbennebel M 1

Der wegen seines Aussehens in kleinen Instrumenten meist als Planetarischer Nebel eingeordnete Gasnebel ist genau genommen zur Klasse der Supernova-Überreste zu zählen. Der etwas längliche, s-förmige Nebel deckt eine Fläche von 6′ × 4′ ab (Abb.

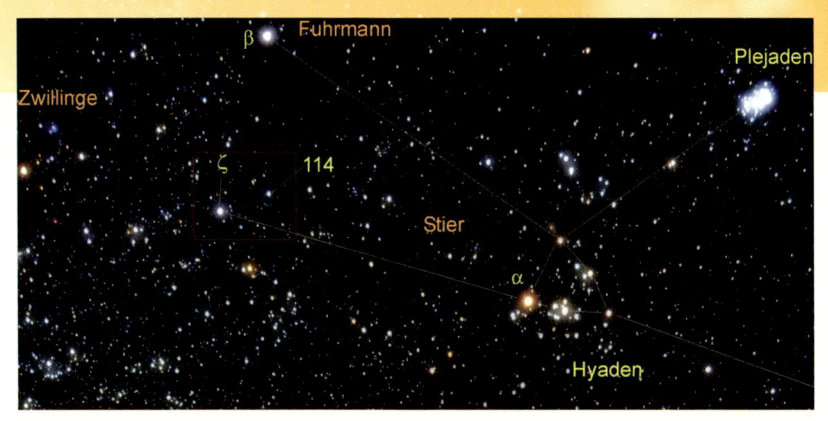

1.6a Aufsuchkarte zu M 1 im Sternbild Stier.

1.5). Er dehnt sich langsam aus, denn es ist der gasförmige Rest eines Sterns, dessen Explosion (Supernova) im Jahre 1054 beobachtet wurde. Im Zentrum dieses Supernova-Überrestes befindet sich der nur 16^m helle stellare Sternrest, ein Neutronenstern. Dieses Exemplar gibt aufgrund seiner schnellen Rotation Lichtpulse ab, so dass der Stern ein Vertreter der so genannten Pulsare ist. Seinen Namen verdankt der Krabbennebel seiner Gestalt, die an eine kriechende Krabbe erinnert.

Der Krabbennebel ist relativ leicht zu finden: Er steht nur 1,2° nordwestlich des Sterns ζ (zeta) im Sternbild Stier (Abb. 1.6). In kleinen Instrumenten erscheint der Nebel als runder, flächenhafter Fleck. In Teleskopen von ca. 20 cm Öffnung bildet M 1 einen schönen Kontrast zum Sternenreichtum der Umgebung. Auch hier gilt, sich von geringen zu hohen Vergrößerungen vorzutasten, denn in jedem Okular bietet der Nebel einen etwas anderen Anblick. Wegen der relativ hohen Helligkeit kann man es auch einmal mit höheren Vergrößerungen versuchen. Dennoch: Einen Anblick, wie ihn Fotografien mit großen Teleskopen zeigen, kann der visuelle Eindruck nicht bieten. Daher darf der Beobachter nicht enttäuscht sein, immerhin taucht er hier in ein gewaltiges Ereignis ein, das vor tausend Jahren einen Stern zerrissen hat.

1.6b (unten links) Markierter Ausschnitt aus Abb. 1.6a, M 1 ist gekennzeichnet.

1.5 Detailaufnahme des Krabbennebels M 1 (Foto: Ralf Mündlein).

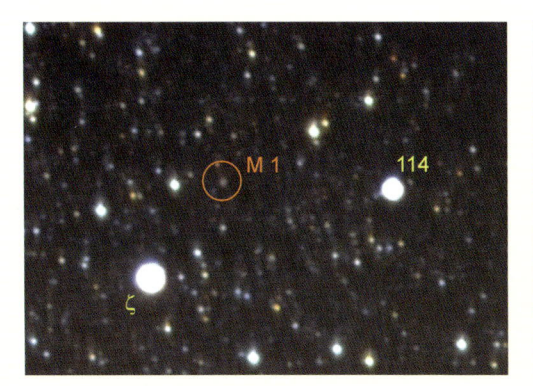

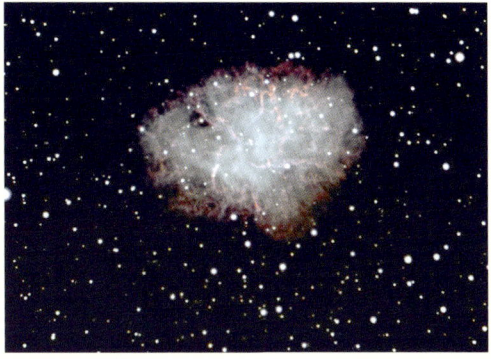

Januar 2006 **11**

Saturn
ganz groß im Blick

In diesem Monat drängt es sich geradezu auf, den Ringplaneten Saturn einmal ganz intensiv unter die Lupe zu nehmen. Denn am 27. Januar erreicht Saturn seine „Oppositionsstellung" und ist daher die ganze Nacht über zu beobachten. Gleichzeitig strahlt der Planet mit maximaler Helligkeit und sein Durchmesser ist jetzt am größten.

Am 16. zieht der schönste aller Planeten am Himmel nur 35′ (etwas mehr als ein scheinbarer Monddurchmesser) nördlich am Stern δ (delta) Cancri im Sternbild Krebs vorüber (Abb. 1.8). Dieser Stern ist immerhin $3^m\!\!.9$ hell und somit mit bloßem Auge unterhalb des $-0^m\!\!.1$ hellen Ringplaneten auszumachen. Schaut man an den Tagen vorher und nachher dorthin, wird man deutlich erkennen, wie sich Saturn entlang seiner Bahn bewegt hat (Versuchen Sie doch einmal, die Richtung herauszufinden).

Saturn bedeckt einen Stern

Das zweite Saturn-Ereignis des Januars findet am 25. statt, von 19:50 bis 21:50. Saturn zieht auf seiner Bahn direkt vor einem Stern vorbei (Abb. 1.9), BY Cancri, auch PPM 125631 oder SAO 98054 genannt, nach den Sternkatalogen in denen der Stern aufgeführt ist. Dieser Stern ist wegen seiner Helligkeit von 7,9 Größenklassen nicht mit bloßem Auge erkennbar, man benötigt ein Teleskop. Aber zur Beobachtung des Planeten benutzt man sowieso eins. Der Stern ist etwa

1.7 (links) Ringplanet Saturn, aufgenommen am 9.12.2004 mit einer Webcam (Foto: Stefan Ueberschaer).

1.8 Hier steht Saturn am 25.1.: bei BY Cancri im Sternbild Krebs, im offenen Sternhaufen M 44.

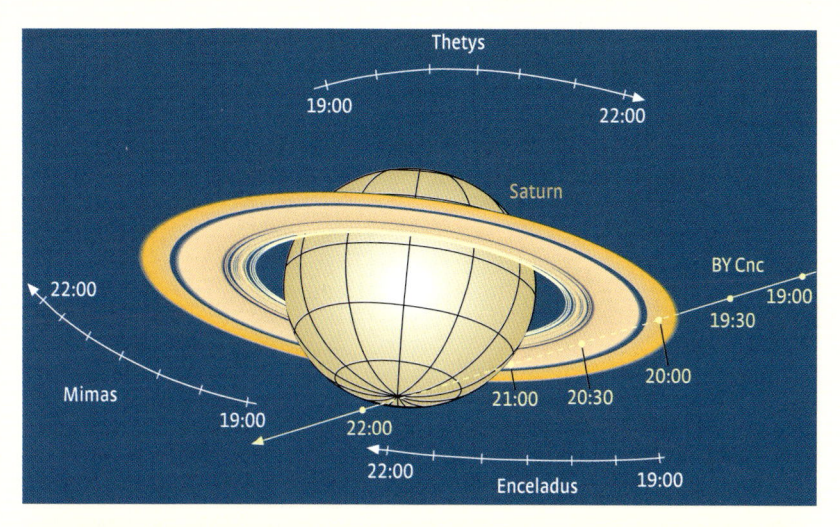

1.9 So bewegen sich relativ zu Saturn die helleren Saturnmonde. Der Stern BY Cancri wird am Abend des 25.1. von Saturn und seinem Ring bedeckt.

Sternbedeckung durch Saturn am Mittwoch, 25. Jan. 2006

Daten zu Saturn

scheinbare Helligkeit	$-0^m\!\!.2$
Entfernung von der Sonne	1363,0 Mio. km
Entfernung von der Erde	1215,9 Mio. km
scheinbarer Äquatordurchmesser	20,4″
scheinbarer Poldurchmesser	18,9″
scheinbarer Außenradius des sichtbaren Rings	22,1″
scheinbarer Radius der Encke-Ringteilung	21,6″
scheinbare Breite der Encke-Ringteilung	0,06″
scheinbarer Radius der Cassini-Ringteilung	19,4″
scheinbare Breite der Cassini-Ringteilung	0,7″
Winkelgeschwindigkeit der Saturnbewegung	0,21″ / min

Daten zum Stern

Name	BY Cancri (= PPM 125631 oder SAO 98054)
Sternbild	Krebs
Helligkeit	$7^m\!\!.9$

Ablauf der Bedeckung

19:50 MEZ	Stern verschwindet hinter dem Westrand des Rings
19:53 MEZ	Stern scheint durch die Encke-Teilung
20:05 MEZ	Stern scheint durch die Cassini-Teilung
21:01 MEZ	Stern scheint durch den vom Saturnschatten verfinsterten Ringteil, direkt am westlichen Rand des Planeten
21:02 MEZ	Stern verschwindet am westlichen Rand des Planeten
21:50 MEZ	Stern erscheint wieder am östlichen Planetenrand, nahe dem Südpol

Januar 2006

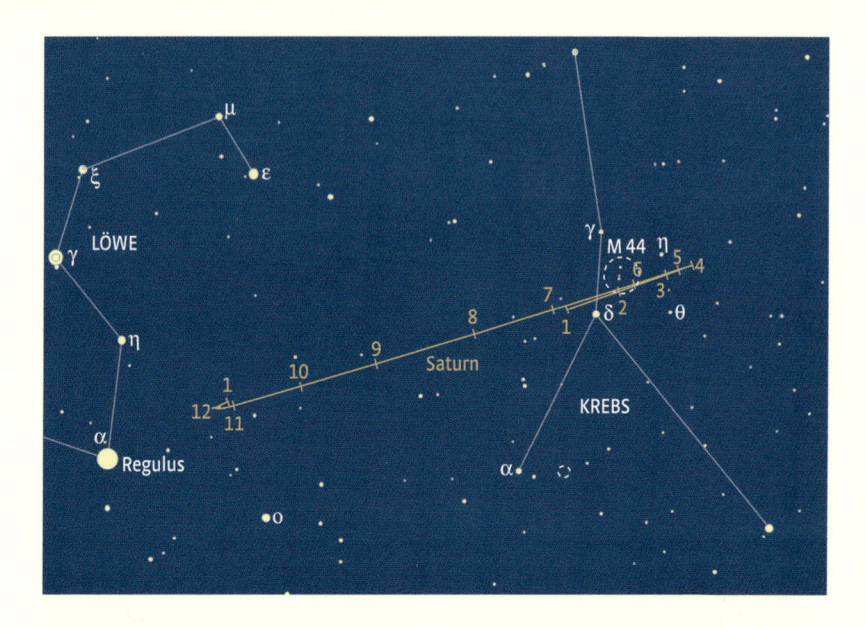

1.10 Bahn von Saturn im Jahr 2006 durch die Sternbilder Krebs und Löwe.

so hell wie der Saturnmond Titan (8^{m}0), der schon in kleinen Fernrohren neben seinem Mutterplaneten erkennbar ist. Titan steht aber zur Zeit des Bedeckungsereignisses ganz woanders (Abb. 1.9), eine Verwechselung ist ausgeschlossen. Wir finden den Stern BY Cnc auf halbem Wege zwischen einem der Hauptsterne des Sternbildes Krebs, dem 3^{m}9 hellen, mit bloßem Auge sichtbaren Stern δ Cnc und dem offenen Sternhaufen M 44 (Abb. 1.8). Saturn bewegt sich aufgrund seiner Oppositionsschleife von Ost nach West (von links nach rechts) vor dem Hintergrund der Sterne. Interessant ist bei diesem Ereignis, dass der Stern zuerst vom westlichen Teil des Ringes bedeckt wird und erst dann vom Planetenkörper selbst. In der Tabelle auf S. 13 sind Details zur Bedeckungsphase angegeben. Eine spannende Frage ist: Wird man den Stern durch die Ringlücken leuchten sehen oder nicht? Dabei spielt es keine Rolle, ob die Ringlücken selbst im Okular sichtbar sind!

Der Ringplanet geht in Opposition

Das dritte Saturn-Ereignis des Monats ist seine Oppositionsstellung zur Sonne am 27. Januar. Diese Stellung erreicht er zwar im Mittel alle 378 Tage, sie ist jedoch immer herausragend genug, uns von der Erde aus viel bessere Beobachtungsbedingungen zu bieten als zu anderen Zeiten. Das heißt natürlich nicht, dass Saturn nur an diesem Tag gut zu beobachten ist, vielmehr lohnt es sich auch 2–3 Monate vorher und nachher den Ringplaneten einzustellen. Zur Oppositionszeit steht er der Sonne am Himmel gegenüber, er geht dann bei Sonnenuntergang auf und bei Sonnenaufgang unter, ist somit die ganze Nacht zu sehen. Seinen täglichen Höchststand am Himmel erreicht Saturn nun um Mitternacht, eine ideale Zeit, denn dann ist die Luftunruhe der ersten Nachthälfte abgeklungen.

Wie die Abbildung 1.10 zeigt, bewegt sich der Planet im Laufe eines Jahres ein beträchtliches Stück vor dem Hintergrund der quasi unendlich weit entfernten Sterne. Wenn er zur Oppositionszeit von der schnelleren Erde überholt wird, zieht er eine Schleife am Himmel. Er bremst auf seiner „normalen", rechtläufigen Bahnbewegung ab, wird dann rückläufig und erst später wieder rechtläufig. Die Rückläufigkeit ist der Grund, warum er am 25. Januar bei seiner Sternbedeckung von Ost nach West läuft.

Da die Rotationsachse des Planeten stark geneigt ist, neigt uns Saturn im Laufe seines Umlaufs um die Sonne mal seinen Südpol, einen halben Umlauf später seinen Nordpol zu. Genauso ändert sich die Neigung des Saturnäquators, wir schauen zu diesen Zeitpunkten also auch auf die Südseite (Unterseite), später auf die Nordseite (Oberseite) des Rings. Jetzt im Januar 2006 ist uns die Südseite der Ringe zugeneigt. Natürlich muss es in der Zwischenzeit einen Zeitpunkt geben, wo wir von der Erde aus genau auf die Kante des Ringes blicken. Der Ring verschwindet dann für einige Tage, er wird wegen seiner extrem geringen Dicke unsichtbar. Dies war zuletzt 1995 der Fall und wird 2009 wieder zu beobachten sein.

Am 1. Februar steht Saturn vor dem Sternhaufen M 44, eine Stellung, die er nach Ende seiner Oppositionsschleife am 3. Juni nochmals erreicht, die dann aber ungünstiger zu beobachten sein wird. Am 7. August gelangt Saturn schließlich in Konjunktion zur Sonne: Er befindet sich dann unbeobachtbar hinter der Sonne. Letzte Chancen, Saturn noch vorher zu erwischen, haben wir Mitte Juni, bevor er in der Abenddämmerung tief am westnordwestlichen Horizont

Wichtige Daten zum Ringplaneten Saturn

Kleinste Entfernung von der Sonne	1343 Mio. km
Größte Entfernung von der Sonne	1509 Mio. km
Kleinste Entfernung von der Erde	1191 Mio. km
Größte Entfernung von der Erde	1665 Mio. km
Tatsächliche Umlaufzeit um die Sonne	29,46 Jahre
Zeitabstand zwischen zwei Oppositionsstellungen	378,1 Tage
Äquatordurchmesser	120.000 km
Poldurchmesser	106.900 km
Rotationsdauer	10,5 Stunden
Achsneigung der Senkrechten auf der Umlaufbahn	26° 44'
Außenradius des sichtbaren Ringes	136.200 km
Radius der Cassini-Ringteilung	121.500 km
Breite der Cassini-Ringteilung	4800 km

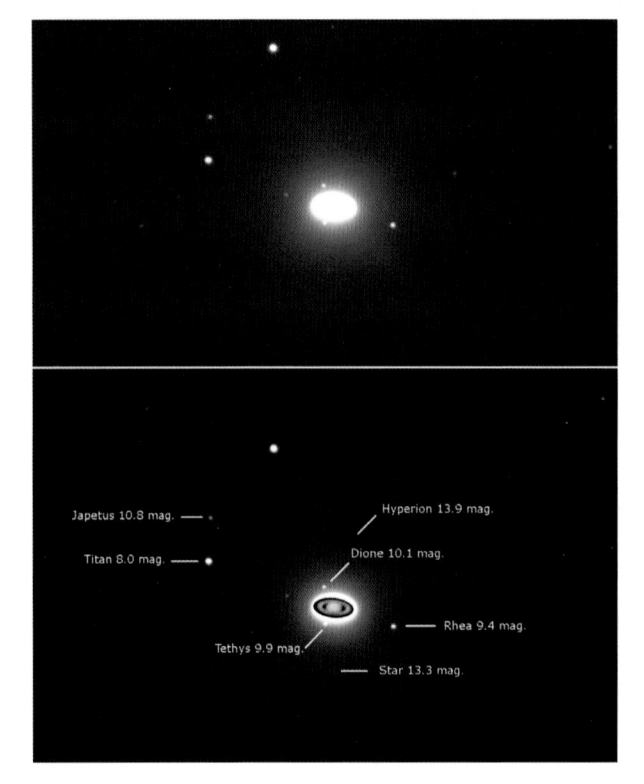

1.11 Eine länger belichtete Aufnahme des Saturn zeigt einige seiner Monde. Doch welche Punkte sind Monde und welche sind Sterne? Da hilft nur ein Vergleich mit der Anzeige eines Planetariumsprogramms. (Foto: Bernd Koch).

untergeht. Anfang September taucht Saturn am Ostnordosthorizont in der Morgendämmerung wieder auf (dann zusammen mit Venus), und es beginnt eine neue Sichtbarkeitsperiode.

Saturn im Fernrohr

Was kann der Amateur am Ringplaneten beobachten? Planetenscheibchen und Ring kann man bereits in kleinen Fernrohren gut erkennen. Die Cassinische Ringteilung wird erst in Teleskopen ab ca. 10 cm Öffnung sichtbar. Für ein blickweises Sichtbarwerden der noch viel schmaleren Encke-Teilung werden mindestens 25 cm Öffnung benötigt, wobei die Luftruhe während der Beobachtung ganz wichtig ist. Die Planetenscheibe selbst zeigt ähnlich wie Jupiter veränderliche Wolkenstrukturen, allerdings weniger stark ausgeprägt. Ist einmal eine markante Struktur zu sehen, lässt sich damit die Rotation des Planeten verfolgen und messen. Je nach Stellung von Planet und Erde zur Sonne ist der Schatten, den der Ring auf den Planeten wirft, noch besser der Schatten, den der Planet auf seinen Ring wirft, erkennbar. Dies verändert sich, wenn der Planet auf seiner Bahn weiterzieht und ist interessant zu verfolgen. Am besten, Sie halten das Aussehen des Planeten mit Bleistift in Ihrem Beobachtungsbuch fest, um später Vergleiche ziehen zu können.

Wie Jupiter, so besitzt auch Saturn zahlreiche Monde, von denen jedoch nur der stets um $8^m\!.3$ helle Titan kleinen Instrumenten zugänglich ist. Die anderen Monde (Abb. 1.11) benötigen etwas größere Amateurinstrumente: Rhea wird $9^m\!.7$ hell, Thetys, Japetus und Dione erreichen um die $10^m\!.3$, alle anderen Monde bleiben schwächer als $11^m\!.7$.

Ich wünsche Ihnen viel Spaß und Erfolg bei der Beobachtung des Ringplaneten!

Beobachtungsbuch

Objekt: _____ **Andere Nr., Name:** _____
Sternbild: _____ **RA:** ___ h ___ m **Dec.:** _____
Typ: _____ **Größe:** _____ **Helligkeit:** _____

Vergr.: _____ x
Gesichtsfeld: _____

Filter: _____
Sichtbar im Sucher: ☐

Teleskop:
Typ: _____ **Öffnung:** _____ mm **Öffnungsverhältnis:** f _____

Beobachtungsbedingungen:
Datum: _____ **Zeit:** _____
Ort: _____ **Grenzgröße:** _____

Beschreibung:
_____
_____
_____
_____

Beobachter: _____

Kopiervorlage für ein Beobachtungsbuch

© Kosmos Himmelspraxis

Januar 2006 **17**

Sonne, Mond und Planeten

Der Sternenhimmel um 22 Uhr MEZ

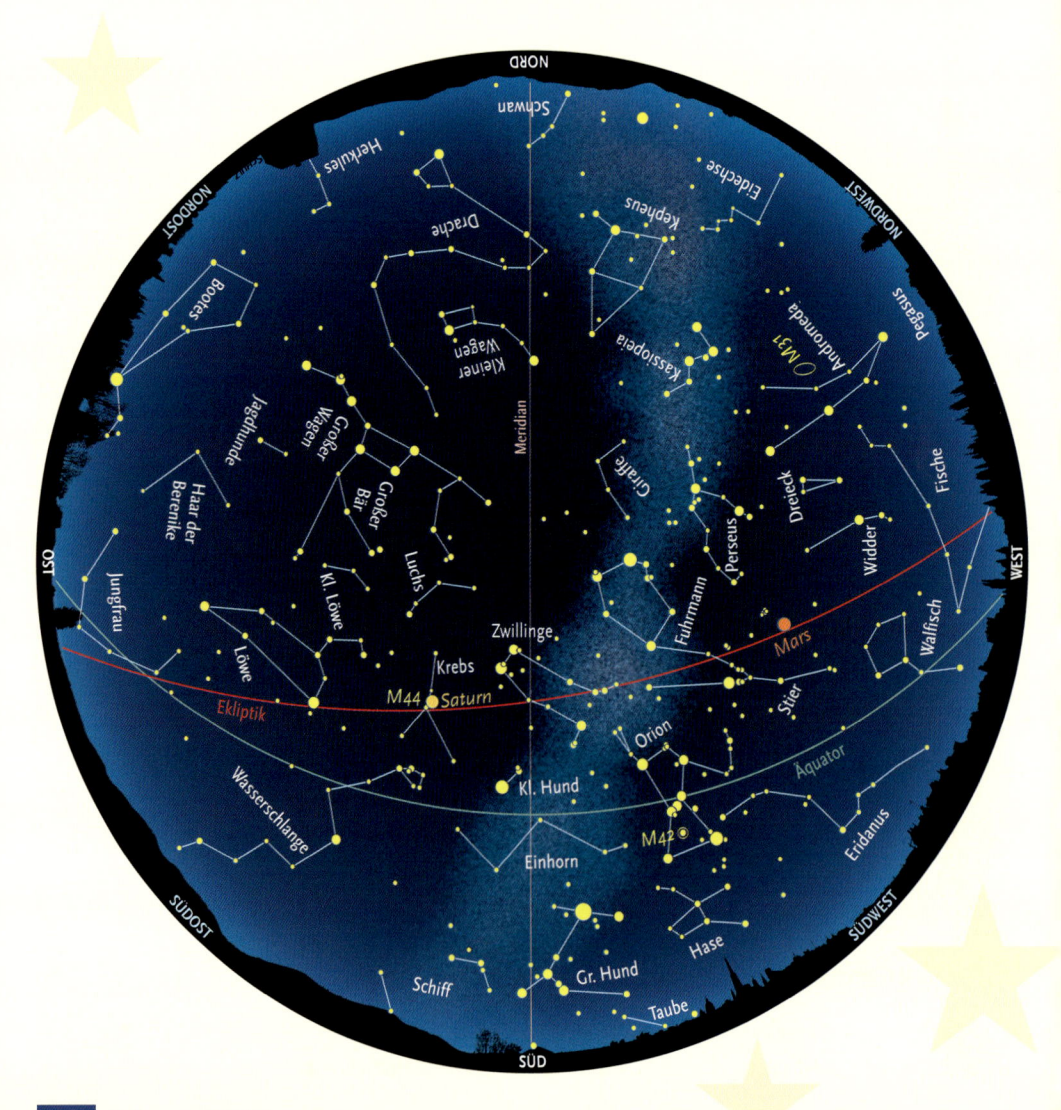

Februar 2006

im Februar 2006

In den Tagen um den 24. kommt es in der Abenddämmerung zur ersten Merkursichtbarkeit des Jahres. Morgenstern Venus geht gegen 6 Uhr auf und zeigt eine schmale Sichelgestalt. Mars zieht südlich an den Plejaden vorbei und ist Abendhimmelobjekt. Auf seinem kleinen, weniger als 9″ durchmessenden Scheibchen sind kaum noch Details erkennbar. Riesenplanet Jupiter geht immer noch erst nach Mitternacht auf. Saturn, dicht beim Sternhaufen M 44, ist fast die ganze Nacht über beobachtbar.

Datum	Sonne Aufg. h m	Unterg. h m	Mond Aufg. h m	Unterg. h m	Aktuelles Ereignis h m	
Mi 1.	7:54	17:14	9:27	21:21		Saturn (−0^m,2) im Sternhaufen M 44, Sternbild Krebs
Do 2.	7:52	17:16	9:42	22:46		
Fr 3.	7:51	17:17	9:56	–		
Sa 4.	7:49	17:19	10:12	0:10		
So 5.	7:48	17:21	10:31	1:32	7:29	Erstes Viertel
					23:18	Mond 1,4° nördlich von Mars (0^m,3)
Mo 6.	7:46	17:22	10:56	2:53		
Di 7.	7:45	17:24	11:29	4:10		
Mi 8.	7:43	17:26	12:14	5:17		
Do 9.	7:41	17:28	13:10	6:12		
Fr 10.	7:40	17:29	14:16	6:54		
Sa 11.	7:38	17:31	15:27	7:24		
So 12.	7:36	17:33	16:39	7:46		
Mo 13.	7:35	17:35	17:50	8:03	5:44	Vollmond
					19:00	Mond 2,6° nordöstlich von Regulus, Sternbild Löwe
Di 14.	7:33	17:36	19:00	8:16		
Mi 15.	7:31	17:38	20:08	8:28		
Do 16.	7:29	17:40	21:16	8:39		
Fr 17.	7:27	17:41	22:26	8:50		
Sa 18.	7:25	17:43	23:38	9:02	1:00	Mars (0^m,5) 2,3° südl. der Plejaden (M 45), Stier
					5:59	Mond 16′ (0,3°) südöstl. Spica (α Virginis), Jungfrau
So 19.	7:24	17:45	–	9:16		
Mo 20.	7:22	17:47	0:53	9:34		
Di 21.	7:20	17:48	2:11	10:00	8:17	Letztes Viertel
Mi 22.	7:18	17:50	3:28	10:36		
Do 23.	7:16	17:52	4:40	11:29		
Fr 24.	7:14	17:53	5:38	12:41	19 Uhr	Merkur (−0^m,3/7,3″) in größter östlicher Elongation (18°), Abendsichtbarkeit ca. 22.2.–2.3., Höhe ca. 4°
Sa 25.	7:12	17:55	6:20	14:08		
So 26.	7:10	17:57	6:51	15:42		
Mo 27.	7:08	17:58	7:13	17:16		
Di 28.	7:06	18:00	7:31	18:47	1:31	Neumond

Die besten Sichtbarkeiten der Planeten

Der rote Planet Mars kommt in diesem Jahr nicht in Opposition, man kann ihn nur zu Jahresbeginn noch am Abendhimmel beobachten. Merkur und Venus bieten wieder verschiedene Gelegenheiten, beobachtet zu werden. Die interessantesten Planeten in 2006 sind Jupiter und Saturn, beide kann man auch in einem kleinen Fernrohr gut beobachten.

Merkur

ist der innerste Planet im Sonnensystem. Er kann niemals in Oppositionsstellung zur Sonne gelangen, es gibt aber zwei Konjunktionsstellungen zur Sonne: eine, wenn Merkur zwischen Erde und Sonne hindurchzieht, eine weitere, wenn er hinter der Sonne steht. Die Erde wird von den inneren Planeten Merkur oder Venus regelmäßig überholt, da die Bahngeschwindigkeit eines Planeten entsprechend dem 3. Keplerschen Gesetz von seinem Bahnradius abhängt: Je größer die Bahn, umso geringer die Bahngeschwindigkeit. Andererseits überholt die Erde alle äußeren Planeten (Mars, Jupiter, Saturn, Uranus, Neptun und Pluto), da sie schneller läuft. Wenn die Erde zwischen Sonne und äußerem Planeten hindurchläuft, gelangt der Planet in „Oppositionsstellung"; andererseits gibt es nur eine einzige Konjunktionsstellung, wenn der äußere Planet hinter der Sonne vorbeizieht. Merkur umläuft die Sonne einmal in 88 Tagen. In entsprechend schnellem Takt wechseln seine Stellungen in Bezug zur Sonne. Sein Bahnradius ist relativ klein, daher kann er nie einen größeren Winkelabstand (die „Elongation") als 28° von der Sonne erreichen. Da die Merkurbahn sehr elliptisch ist, kann die maximale Elongation sogar zwischen 18° und 28° variieren. Nur während einer maximalen Elongation besteht eine Beobachtungsmöglichkeit am Nachthimmel. Befindet sich Merkur am Himmel relativ zur Sonne in östlicher Richtung, dann kann es zu einer Abendsichtbarkeit kommen, steht der flinke Planet westlich von der Sonne, dann ist eine Morgensichtbarkeit möglich.

In diesem Jahr kommt es zu einer sehr guten Abendsichtbarkeit in den Tagen

2.1 Die Abendsichtbarkeit von Merkur im Februar.

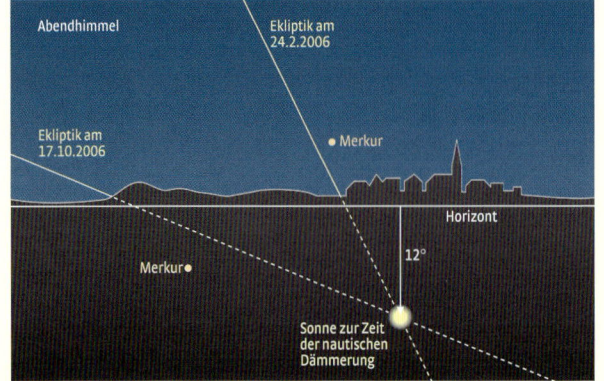

um den 24. Februar und zu einer sehr guten Morgensichtbarkeit in der Zeit um den 25. November. Am 7. August besteht eventuell eine Chance ganz tief am Morgenhimmel, wenn die Venus als Wegweiser dienen kann. Merkur ist in unseren Breiten nie am völlig dunklen Himmel zu sehen, nur stets in der Dämmerungszeit. Die Grafik in Abbildung 2.1 verdeutlicht, dass Merkursichtbarkeiten am Frühjahrs-Abendhimmel deshalb möglich sind, weil dann die Ekliptik, die scheinbare Sonnenbahn am Himmel, sehr steil über dem Westhorizont steht, im Gegensatz zum Herbst, wenn die Ekliptik sehr flach liegt. Entsprechendes gilt für die Morgensichtbarkeiten, dann sind die Bedingungen im Herbst viel günstiger als im Frühjahr.

Venus

Unser innerer Nachbarplanet steht am 13. Januar in unterer Konjunktion zur Sonne. Normalerweise ist ein Planet dann nicht beobachtbar. Venus spielt hier jedoch eine Sonderrolle. Erstens ist sie stets sehr hell, und zweitens hat sie eine andere Bahnneigung als die Erdbahn und kann einen großen Winkelabstand von der Sonne erreichen, wenn sie die Erde auf ihrer inneren Bahn überholt. Alle acht Jahre kann es daher zu der Situation kommen, dass sich die Venus in Konjunktionsstellung so weit nördlich der Sonne befindet, dass sie sowohl am Abendhimmel als auch am nächsten Morgen sichtbar wird. Erst kurz nach Sonnenuntergang, und wenige Stunden später kurz vor Sonnenaufgang. Man spricht davon, dass die Venus dann gleichzeitig Abend- und Morgenstern ist. Am 13. Januar ist es soweit: Venus wechselt vom Abend- auf den Morgenhimmel. Der Erdabstand beträgt dann nur 39,9 Mio. km, der Winkeldurchmesser der sehr schmalen Planetensichel erreicht 63,6″. Der $-4^m,0$ helle Abend- und Morgenstern steht 5,5° nördlich der Sonne und sollte wie oben beschrieben beobachtet werden können.

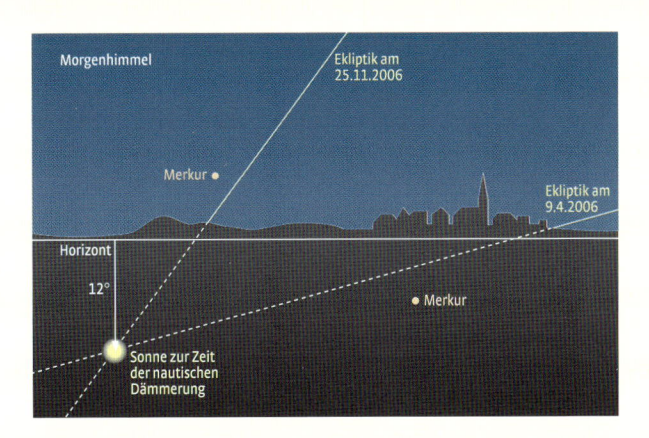

Der Winkelabstand der Venus von der Sonne wächst für die nächsten Wochen schnell bis zur größten westlichen Elongation (47°) am 25. März an. Gleichzeitig schrumpft der scheinbare Scheibchendurchmesser auf 24,6″ und die Phasengestalt des Planeten wird zur „Halbvenus". Für die nachfolgenden Monate ist der Morgenstern weniger gut beobachtbar, da er sich in tief liegenden Gegenden der Ekliptik am Morgenhimmel befindet. Am 28. Oktober gelangt Venus in die obere Konjunktion zur Sonne und ist unbeobachtbar. Wenige Tage später taucht sie am Abendhimmel wieder auf und verbessert ihre Beobach-

2.2 **Die gute Morgensichtbarkeit von Merkur Ende November.**

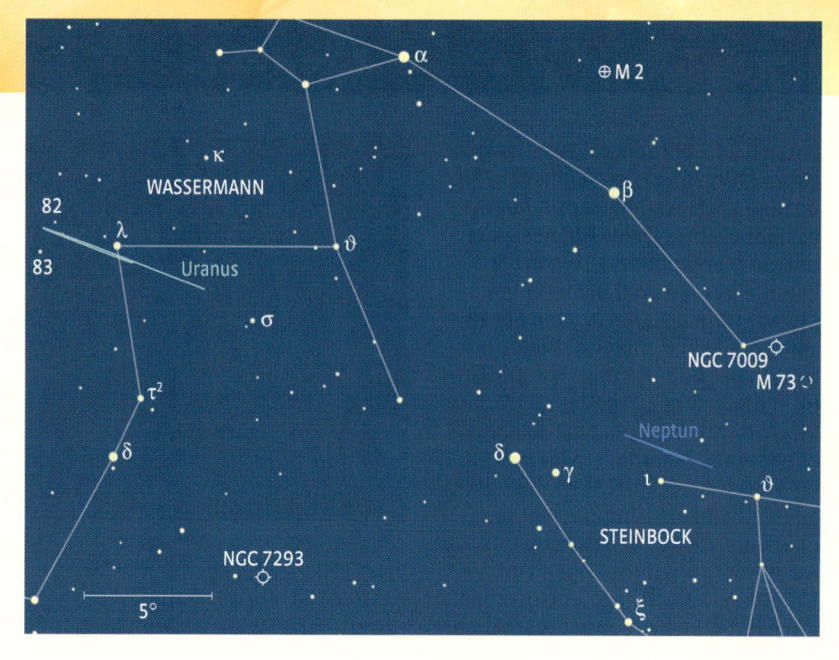

2.3 Die Bahnen der Planeten Uranus und Neptun im Jahr 2006 in der Übersicht. Die Karte zeigt Sterne bis zur 7. Größenklasse.

tungsmöglichkeiten bis zum Jahresende deutlich.

Mars

Der rote Planet stand im Oktober 2005 in Opposition zur Sonne und beendet im Frühjahr seine Beobachtungsperiode, in der es sich lohnt, Details zu beobachten. Anfang des Jahres zeigt Mars noch ein 12,1″ großes Scheibchen, am 31. März ist es nur noch 5,7″ groß. In den Tagen um den 22. Februar zieht Mars zwischen den Hyaden und Plejaden hindurch. Dann lässt sich seine Bewegung vor dem Hintergrund der Sterne von Tag zu Tag gut verfolgen. Ende Juni endet die Sichtbarkeitsperiode, wenn er in der hellen Abenddämmerung verschwindet. Am 23. Oktober steht Mars hinter der Sonne und kommt erst zu Jahresende am Südosthorizont in der Morgendämmerung wieder zum Vorschein.

Jupiter

Der größte Planet des Sonnensystems wird ausführlich im Monatsprojekt Mai ab Seite 54 besprochen.

Saturn

Der Ringplanet hat dieses Jahr seine beste Sichtbarkeit zu Jahresbeginn und wird ausführlich im Monatsprojekt Januar ab Seite 12 vorgestellt.

Uranus

Der siebte Planet ist mit einer Helligkeit von 5♍7 eigentlich mit bloßem Auge sichtbar. Im Sternengewimmel findet man ihn jedoch nur, wenn man genau hinsieht und auch weiß, wo er steht. Uranus bewegt sich das ganze Jahr über im Sternbild Wassermann (lat.: Aquarius) in der Nähe des 3♍7 hellen Sterns λ (Lambda) Aquarii (Abb. 2.3 und 2.4). Zu Jahresanfang ist

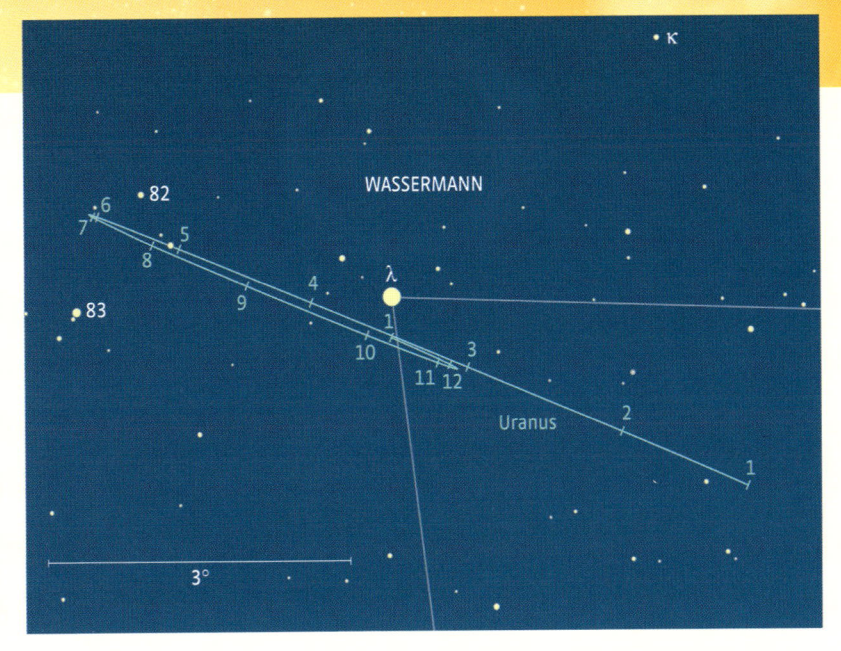

2.4 Die Uranusbahn 2006, Positionen jeweils am Monatsersten. Die Karte zeigt Sterne bis zur 8. Größenklasse.

Uranus noch am Abendhimmel 25 Grad hoch über dem Südwesthorizont zu finden, wird dann aber schnell von der Sonne eingeholt. Spätestens Ende Januar endet die Sichtbarkeitsperiode. Am 1. März steht Uranus in Konjunktion zur Sonne, Anfang Juli taucht er am Morgenhimmel am Osthorizont wieder auf: Die neue Sichtbarkeitsperiode beginnt. Am 5. September gelangt Uranus in Oppositionsstellung zur Sonne. Er erreicht eine Maximalhelligkeit von $5^m\!\!.7$ und eine minimale Entfernung von 2854 Mio. km. Sein Winkeldurchmesser beträgt dann immerhin 3,7", so dass er auch in kleinen Fernrohren als grünliches Scheibchen erkennbar ist. Details auf dem Planeten sind dabei allerdings nicht zu beobachten. Zur Oppositionszeit mit ihren optimalen Beobachtungsbedingungen findet man Uranus 1,2° östlich von λ Aquarii im Sternbild Wassermann. Am 5.9. um 21 Uhr zieht Uranus ganz dicht südwestlich des $9^m\!\!.2$ hellen Sterns PPM 206970 vorüber. Nur 28 Bogensekunden trennen die beiden Objekte. Hier ist es mal umgekehrt: Uranus kann als Wegweiser zum viel lichtschwächeren Stern dienen. Beobachtungen lohnen sich mit Teleskopen ab 10 cm Öffnung. Am 4. Oktober um 0:30 ist Uranus 25′ (0,4°) südlich des Sterns λ Aquarii zu finden. Hier ist der hellere Stern ein guter Wegweiser zu Uranus. Der Planet bleibt bis Jahresende am Abendhimmel beobachtbar.

Neptun

bewegt sich das ganze Jahr über im Sternbild Steinbock (lat.: Capricornus) und bietet am Jahresanfang nicht viel. Mit $7^m\!\!.9$ Helligkeit ist er zu schwach, um bei seiner geringen Höhe über dem Südwesthorizont bei Dämmerungsende lohnend beobachtet zu

Februar 2006 23

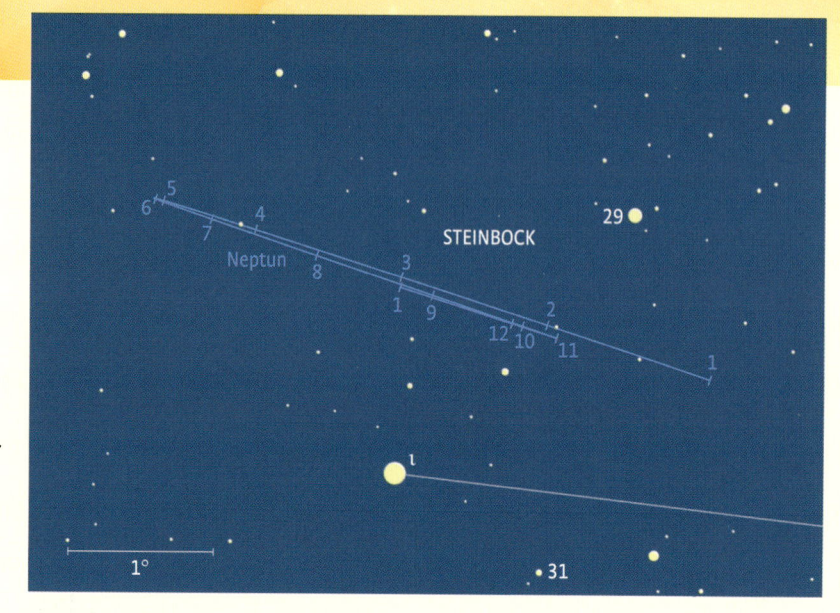

2.5 Die Neptunbahn 2006, Positionen jeweils am Monatsersten. Die Karte zeigt Sterne bis zur 9. Größenklasse.

werden. Am 6. Februar gelangt Neptun in Konjunktion zur Sonne. In südlichen Landesteilen, wo es keine Mitternachtsdämmerung gibt, taucht Neptun Anfang Juli wieder in der zweiten Nachthälfte auf, in nördlichen Landesteilen ca. 14 Tage später. Am 4. August um 21 Uhr ist der $7^m\!.8$ helle Neptun 1,1° nördlich des $4^m\!.3$ hellen Sterns ι (Iota) Capricorni zu finden (Abb. 2.3 und 2.5). Der mit bloßem Auge gut erkennbare Stern kann hier als Wegweiser für die Beobachtung mit Feldstecher oder Teleskop dienen. Am 11. August gelangt Neptun in Opposition zur Sonne. Er erreicht dann eine minimale Entfernung von 4344 Mio. km, eine scheinbare Helligkeit von $7^m\!.8$ und einen Winkeldurchmesser von 2,4″. Auch dieser Planet ist dann mit kleinen Teleskopen gerade noch als winziges grünblaues Scheibchen von einem Stern zu unterscheiden. Neptun wird danach Abendhimmelobjekt und ist am 20.12. um 18:30 wiederum ca. 1,1° nördlich des Sterns ι Cap zu finden.

Pluto

Der sonnenfernste Planet Pluto ist stets ein Problem für sich. Er ist so weit entfernt, dass er extrem lichtschwach und für kleine Instrumente von einem Stern nicht zu unterscheiden ist. Pluto zieht seine Schleife zunächst im Sternbild Schlange und wechselt Ende September in das Sternbild Schlangenträger (Abb. 2.6). Zur Opposition am 16. Juni wird die Entfernung von der Erde mit 4506 Mio. km „minimal". Der Planet erreicht aber nur eine Helligkeit von $14^m\!.0$, so dass mindestens ein Teleskop mit 20 cm Öffnung verwendet werden sollte, um den schwachen Pluto aufzufinden. Am 15.7. wird dies etwas erleichtert: Pluto steht um 23:45 nur 21′ (0,3°) südlich des $3^m\!.5$ hellen Sterns ξ (Xi) Serpentis.

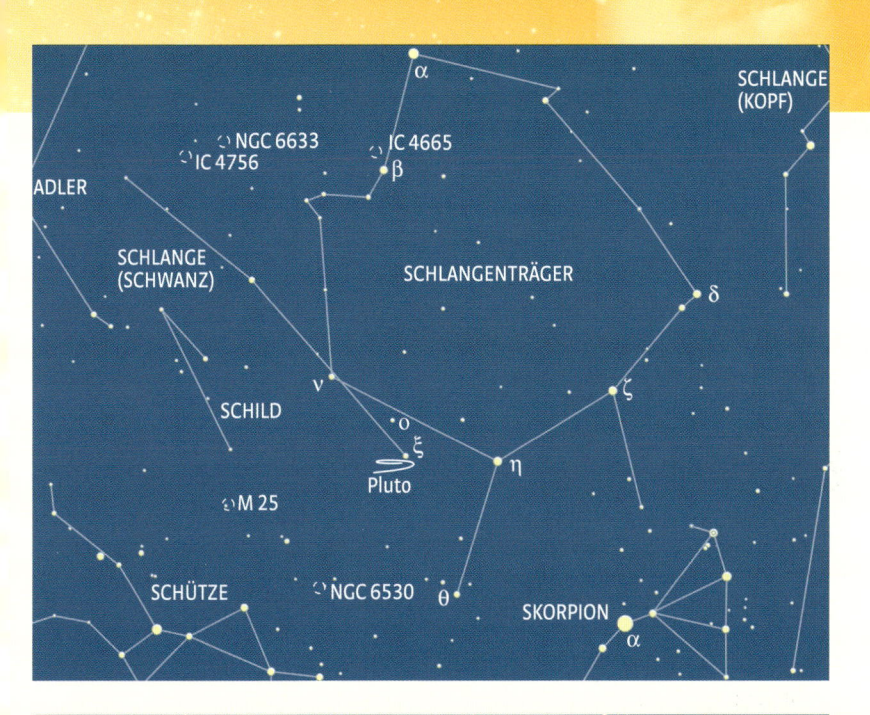

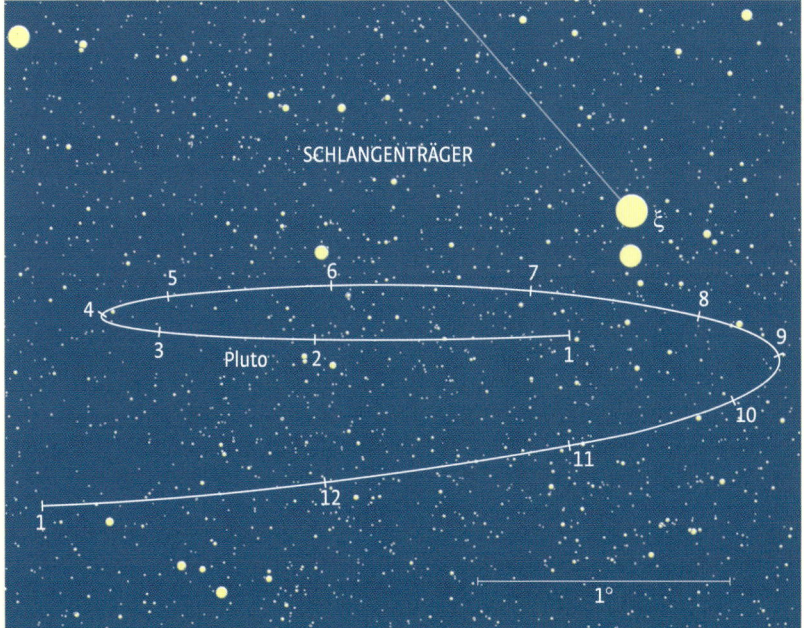

2.6 Die Pluto-
bahn 2006, Positio-
nen jeweils am
Monatsersten. Die
Übersichtskarte
zeigt Sterne bis zur
5. Größenklasse,
die Detailkarte bis
zur 13. Größen-
klasse.

Februar 2006

Sonne, Mond und Planeten

Der Sternenhimmel um 22 Uhr MEZ

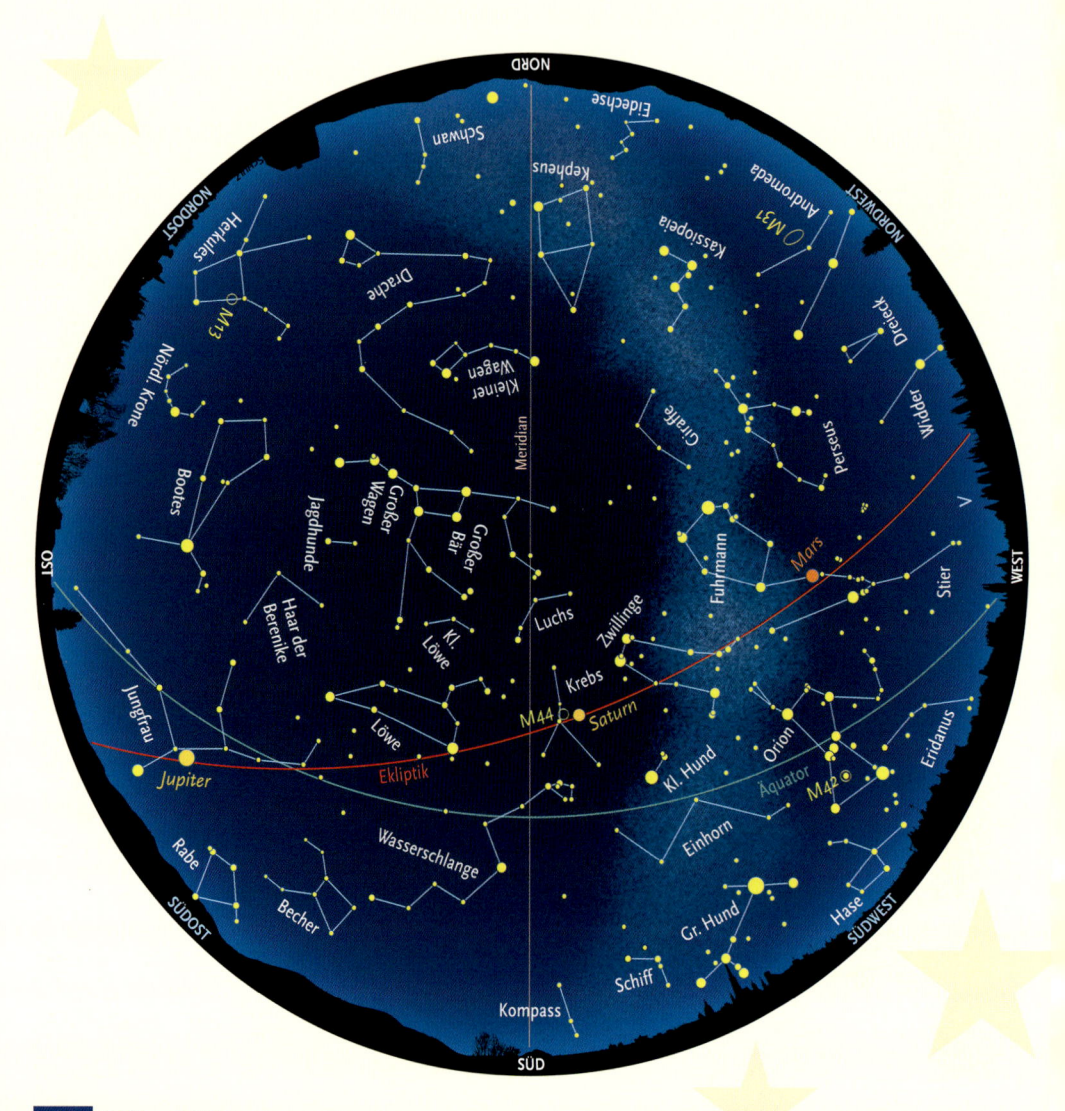

März 2006

im März 2006

Merkur ist zu Monatsanfang noch in der Abenddämmerung erkennbar, am 2. dient die Mondsichel als Wegweiser. Venus erreicht am Morgenhimmel des 25. ihren größten Winkelabstand zur Sonne und zeigt eine „Halbmondgestalt". Mars am Abendhimmel befindet sich östlich der Hyaden, eine Teleskopbeobachtung lohnt sich kaum noch. Jupiter wird immer besser sichtbar, er geht zur Monatsmitte gegen 23 Uhr auf. Saturn erreicht seinen Höchststand im Süden am Monatsende bereits gegen 20 Uhr.

Datum	Sonne Aufg. h m	Unterg. h m	Mond Aufg. h m	Unterg. h m	Aktuelles Ereignis h m	
Mi 1.	7:04	18:02	7:46	20:16		
Do 2.	7:02	18:03	8:00	21:44		
Fr 3.	7:00	18:05	8:16	–		
Sa 4.	6:58	18:07	8:34	23:10		
So 5.	6:56	18:08	8:57	0:35	20:00	Mond 1,5° östl. der Plejaden (M45), Sternbild Stier
Mo 6.	6:54	18:10	9:28	1:57	21:16	Erstes Viertel
Di 7.	6:51	18:12	10:09	3:10		
Mi 8.	6:49	18:13	11:02	4:10	24:00	Mars (0^m8) 7,3° nördl. Aldebaran, Sternbild Stier
Do 9.	6:47	18:15	12:06	4:55	20:41	Mond 1,9° südöstl. Pollux, Sternbild Zwillinge
Fr 10.	6:45	18:17	13:16	5:29		
Sa 11.	6:43	18:18	14:28	5:53		
So 12.	6:41	18:20	15:39	6:11		
Mo 13.	6:39	18:21	16:49	6:25	0:13	Mond 1,8° nordöstl. Regulus, Sternbild Löwe
Di 14.	6:36	18:23	17:58	6:37		
Mi 15.	6:34	18:25	19:07	6:48	0:35	Vollmond
					0:47	Mitte der Halbschatten-Mondfinsternis (Größe 1,056), Höhe 42°, Finsternisbeginn 22:21, Ende 3:13
Do 16.	6:32	18:26	20:16	6:59		
Fr 17.	6:30	18:28	21:27	7:10		
Sa 18.	6:28	18:29	22:42	7:23		
So 19.	6:26	18:31	23:58	7:40		
Mo 20.	6:23	18:33	–	8:02	19:26	Frühlingsanfang, Tagundnachtgleiche
Di 21.	6:21	18:34	1:15	8:34	2:53	Mond 48' (0,8°) südl. Antares, Sternbild Skorpion
Mi 22.	6:19	18:36	2:28	9:19	20:11	Letztes Viertel
Do 23.	6:17	18:37	3:29	10:22		
Fr 24.	6:15	18:39	4:16	11:40		
Sa 25.	6:13	18:40	4:50	13:08	5:15	Venus ($-4^m3/24,6''$) in größter westl. Elongation (47°), Morgendämmerung, Südosten, Höhe 5°
So 26.	6:10	18:42	5:15	14:40		
Mo 27.	6:08	18:44	5:34	16:11		
Di 28.	6:06	18:45	5:50	17:40		
Mi 29.	6:04	18:47	6:04	19:08	11:15	Neumond
					vorm.	Totale Sonnenfinsternis (Nordafrika, Türkei, Kasachstan, Russland), in Deutschland partiell (s. Monatsprojekt)
Do 30.	6:02	18:48	6:19	20:37		
Fr 31.	6:00	18:50	6:36	22:06		

Totale Sonnenfinsternis am 29. März!

Nach der von Deutschland aus sichtbaren totalen Sonnenfinsternis vom 11. August 1999 bietet sich nun die beste Gelegenheit, solch ein Naturschauspiel zum Beispiel von der Türkei aus zu genießen. Vom Deutschland und den angrenzenden Ländern aus wird man eine partielle Sonnenfinsternis beobachten können.

Am 29. März um 11:15 MEZ ist Neumond. Und nicht nur das: Gleichzeitig durchläuft der Mond den aufsteigenden Knoten seiner Bahn um die Erde. Was bedeutet das?

Bei Neumond steht der Mond zwischen Sonne und Erde und wirft seinen kegelförmigen Schatten in Richtung unseres Planeten. Es müsste demnach bei jedem Neumond zu einer Sonnenfinsternis kommen. Das ist jedoch nicht der Fall: Sonnenfinsternisse sind relativ selten. Die Ursache liegt in der Neigung der Mondbahn relativ zur Erdbahn von etwa 5°. Wäre das nicht der Fall, könnte der Mond bei jedem Umlauf vor der Sonnenscheibe herziehen und es käme zu einer Sonnenfinsternis, bei der

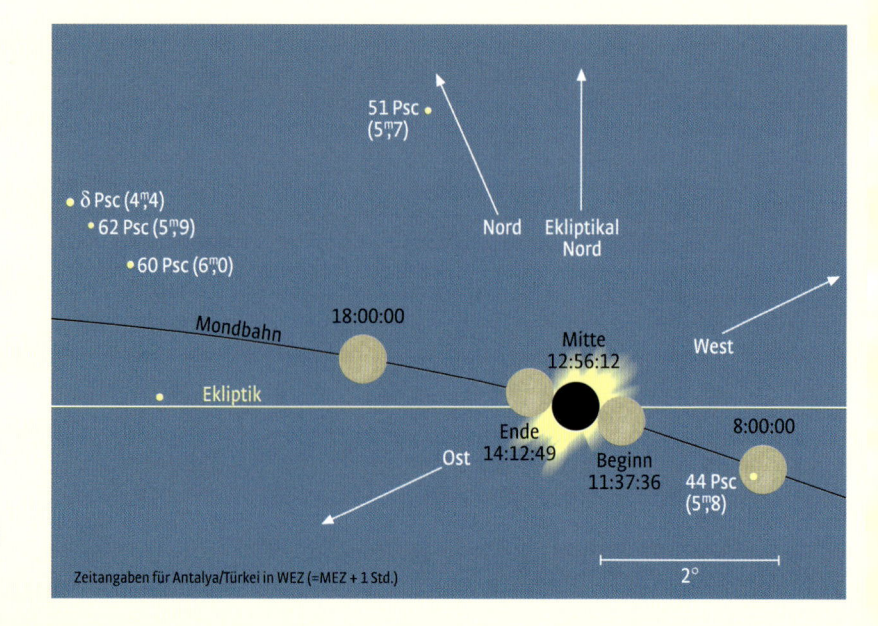

3.1 Mondbahn und Ekliptik am 29. März

Mond seinen Schatten auf die Erdoberfläche wirft. So aber zieht der Mond bei Neumond viel häufiger oberhalb oder unterhalb der Sonnenscheibe vorbei – es passiert nichts. Die beiden Schnittpunkte der Mondbahn mit der Erdbahn werden „Knoten" genannt. Nur dann, wenn der Mond zufällig genau bei Neumond (wenn Erde-Mond-Sonne eine Linie bilden) durch einen seiner Knoten läuft, kann es zu einer Sonnenfinsternis kommen. Und das ist am 29. März der Fall (Abb. 3.1). Die nächste totale Sonnenfinsternis wird es erst wieder am 1. August 2008 geben – und man wird sie nur von Nordkanada, Nordgrönland, Sibirien und China aus beobachten können.

Wo findet eine totale Sonnenfinsternis statt?

Während der Mond zwischen Sonne und Erde hindurchzieht, beschreibt die Kernschattenspitze eine Bahn auf der Erdoberfläche (Abb. 3.2). Befinden wir uns im Zentrum dieser Bahn (im Kernschatten), so erleben wir für einige Minuten die total verfinsterte Sonne mit der äußeren Sonnenatmosphäre, der Korona. Stehen wir jedoch außerhalb dieser Bahn, aber noch innerhalb des umrandeten Bereiches, so können wir eine teilweise („partielle") Abdeckung der Sonne durch den Mond beobachten. Außerhalb des umrandeten Bereiches ist gar keine Finsternis zu sehen.

Der Mondschatten erreicht am 29. März die Erdoberfläche zuerst an der Ostspitze Südamerikas, zieht dann quer über den Atlantik, wo er in Ghana die westafrikanische Küste erreicht. Der leicht elliptisch geformte Kernschatten zieht über Togo, Benin, Nigeria, Niger und die Nordwestecke des Tschad hinweg. An der Grenze zu Libyen kommt der Schatten um 11:10 MEZ an. Hier erreicht die Finsternisdauer mit 4 Minuten und 7 Sekunden ihr Maximum. Um 11:40 MEZ verlässt der Kernschatten Afrika, nachdem er kurz die Nordwestecke von Ägypten berührt hat, in der Nähe von Bardiyah (Finsternisdauer 3^m59^s) und überquert das östliche Mittelmeer zwischen Kreta und Zypern hindurch. Der Spitze des Mondschattens erreicht um 11:57 MEZ (12:57 WEZ = türkische Zeit) die türkische Mittelmeerküste in Manavgat, ca. 85 km östlich von Antalya, mit einer Finsternisdauer von 3^m45^s. Er überquert

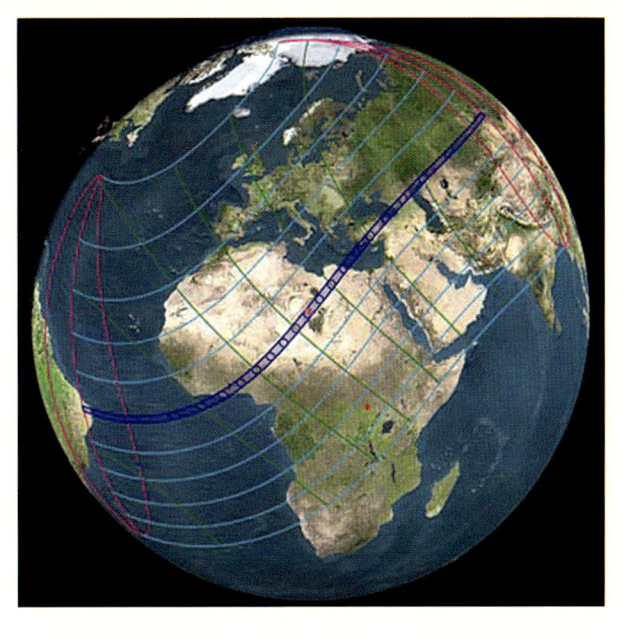

3.2 *Schattenpfad auf der Erdoberfläche (Grafik: F. Espenak).*

3.3 Die Prognosen über den Bewölkungsgrad am Finsternistag bevorzugen eindeutig Nordafrika (Grafik: J. Anderson).

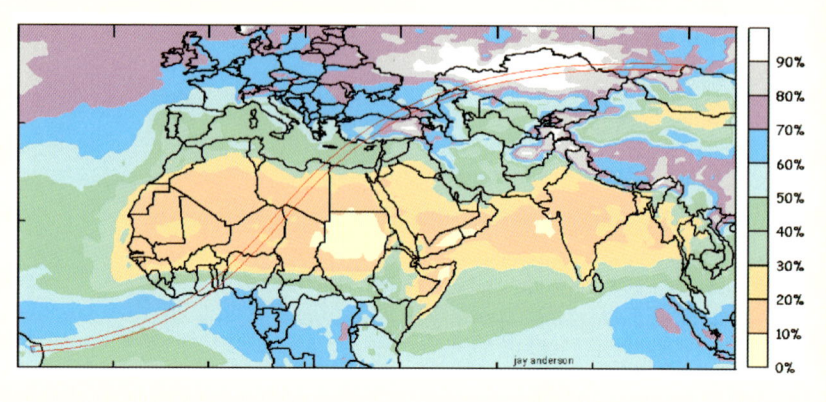

Kleinasien und erreicht die türkische Schwarzmeerküste am Küstenort Ordu um 12:10 MEZ (13:10 WEZ). Hier beträgt die Finsternisdauer noch 3,5 Minuten. Um 13:16 WEZ wird die georgische Schwarzmeerküste erreicht. Der Schatten zieht über den Kaukasus und Teile von Russland hinweg, streift die Nordküste des Kaspischen Meeres, wandert über Kasachstan und endet schließlich in Sibirien.

REISEN ZUR FINSTERNIS

Wüstentouren Libyen:
www.safari-tourism-services.com
Touren durch Ägypten, Griechenland, Türkei:
www.magnificenttravel.com
Touren in und durch die Türkei:
www.maceratur.com
Spezielle Finsternis-Touren in der Türkei:
www.turkey-eztravel.com/English/turkey-solar-eclipse-tours-2006-march.htm

Europa im Schatten des Mondes

In Europa ist die Sonnenfinsternis nur partiell zu verfolgen, da der Kernschatten südöstlich vorbeizieht. In der Tabelle auf S. 33 sind für einige Orte Zeiten für Beginn und Ende der Verfinsterung angegeben. Die „Größe" der Finsternis gibt an, welcher Prozentsatz der Sonne vom Mond bedeckt wird. Man sieht: Je weiter nordwestlich ein Ort von der Zentrallinie entfernt ist, umso geringer ist die Größe der Finsternis. Die Tabelle auf S. 32 gibt für einige Orte in der Nähe der Zentrallinie Beginn und Ende der partiellen Bedeckung (1. und 4. Kontakt), die Mitte der totalen Verfinsterung sowie die Finsternisdauer an. Der Beginn der totalen Verfinsterung wird als 2. Kontakt, das Ende als 3. Kontakt bezeichnet.

Wetterprognosen

In Abbildung 3.3 ist die mittlere Bewölkungswahrscheinlichkeit für März im Finsternisraum dargestellt,

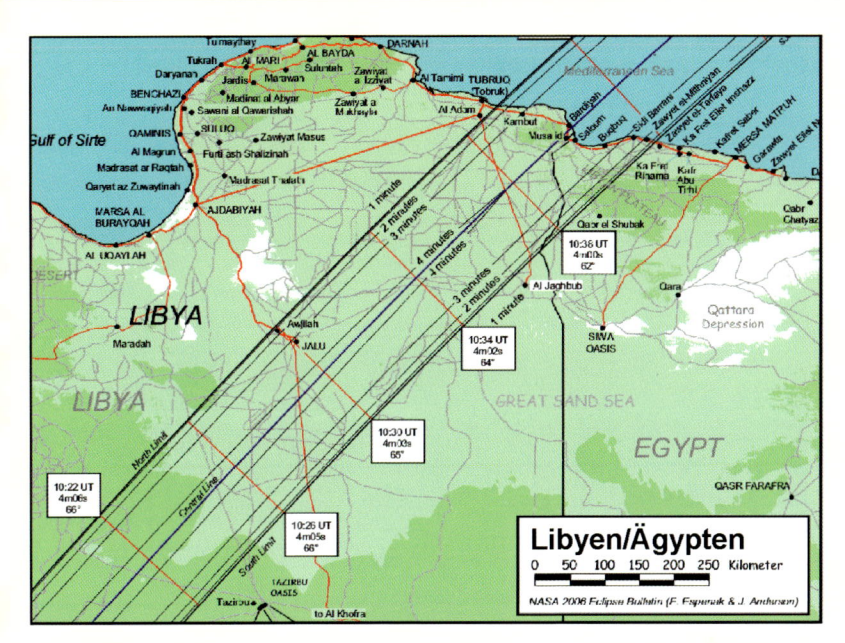

3.4 Verlauf des Schattenpfades in Nord-Libyen (Grafik: F. Espenak, J. Anderson).

3.5 Verlauf des Schattenpfades in der Süd-Türkei (Grafik: F. Espenak, J. Anderson).

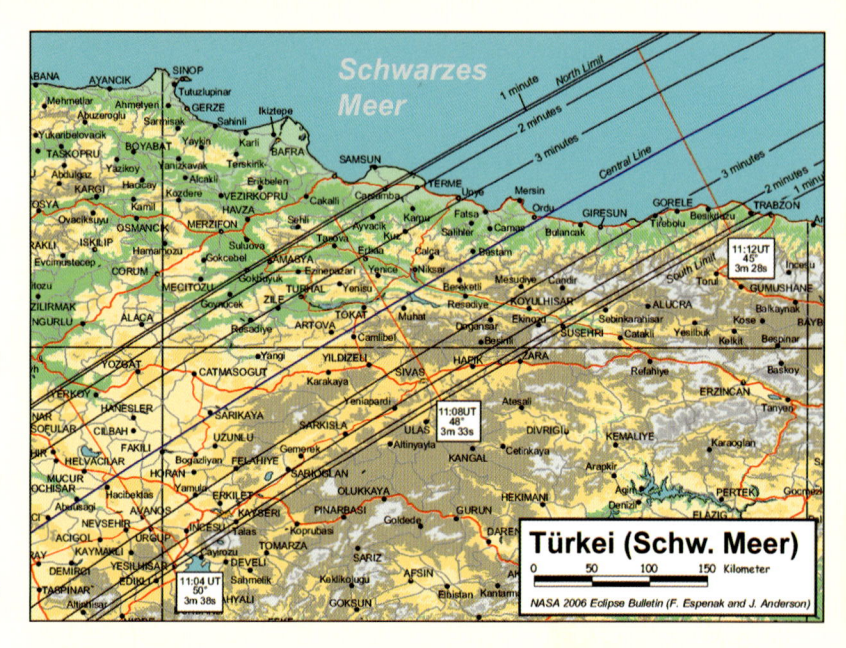

3.6 *Verlauf des Schattenpfades in der Nord-Türkei (Grafik: F. Espenak, J. Anderson).*

was als Wetterprognose dienen kann. Orangefarbene Gebiete kennzeichnen geringe Bewölkungswahrscheinlichkeit, blaue oder gar violette Färbung stärkere Bewölkungsgefahr. Die besten Chancen auf klaren Himmel gibt es demnach in der weniger gut zugänglichen Sahara. Die verkehrstechnisch zwar optimal erreichbare türkische Riviera hat dafür eine zwei- bis dreimal so hohe Bewölkungswahrscheinlichkeit. Kasachstan und Sibirien scheiden aufgrund extrem schlechter Wetterbedingungen praktisch aus.

Orte mit totaler Sonnenfinsternis

Land	Ort	Beginn	Mitte	Ende	Dauer
Ghana	Accra	09:00:50 MEZ	10:11:48 MEZ	11:29:38 MEZ	2^{m}49^s
Nigeria	Katsina	09:20:23 MEZ	10:36:12 MEZ	11:58:07 MEZ	3^{m}52^s
Niger	Bilma	09:37:37 MEZ	10:56:12 MEZ	12:19:07 MEZ	4^{m}04^s
Libyen	Jalu	10:09:12 MEZ	11:29:24 MEZ	12:50:12 MEZ	4^{m}03^s
	Cyrenaica	10:17:31 MEZ	11:37:36 MEZ	12:57:51 MEZ	4^{m}00^s
Türkei	Antalya	10:37:29 MEZ	11:56:12 MEZ	13.12:49 MEZ	3^{m}25^s
	Konya	10:41:38 MEZ	11:59:48 MEZ	13:15:46 MEZ	3^{m}41^s
	Tokat	10:51:02 MEZ	12:08:00 MEZ	13:21:51 MEZ	3^{m}34^s
	Ordu	10:53:41 MEZ	12:10:12 MEZ	13:23:29 MEZ	3^{m}03^s
Kasachstan	Gurjev	11:17:30 MEZ	12.28:36 MEZ	13:35:43 MEZ	2^{m}58^s

Als Reiseziel kommen wohl hauptsächlich Libyen und die Türkei in Frage. Im Kasten auf S. 30 sind einige Internetadressen angegeben, wo Reiseveranstalter Touren in die Finsternisregion anbieten. Doch sind natürlich auch die bekannten Pauschal-Reiseveranstalter ansprechbar und auch individuell organisierte Reisen möglich. Zur Orientierung zeigen die Abbildungen 3.4 bis 3.6 einen genaueren Verlauf des Schattenpfades im nördlichen Teil Libyens und für den südlichen und nördlichen Teil der Türkei.

Anhand des Maßstabes in den Grafiken lässt sich die Breite der Totalitätszone ermessen. Sie beträgt in Höhe der türkischen Südküste ca. 185 km. Die Zeitangaben in den Grafiken sind in Weltzeit (UT), also in Mitteleuropäischer Zeit minus einer Stunde. Zusätzlich sind angegeben die Sonnenhöhe und die Dauer der totalen Verfinsterung an einem Standort auf der Zentrallinie. Weicht der Standort von der Zentrallinie in Richtung Rand der Totalitätszone ab, so geht die Finsternisdauer zurück. Dazu sind in den Grafiken zwischen der Zentrallinie und den äußeren Grenzlinien noch die Linien für drei, zwei und einer Minute Finsternisdauer eingezeichnet.

Orte mit partieller Sonnenfinsternis

Land	Ort	Beginn	Ende	Größe
Niederlande	Amsterdam	09:47:46 MEZ	11:32:19 MEZ	32,8%
Deutschland	Norderney	09:51:11 MEZ	11:36:32 MEZ	33,9%
	Flensburg	09:53:56 MEZ	11:40:29 MEZ	35,2%
	Hannover	09:49:09 MEZ	11:41:28 MEZ	38,9%
	Düsseldorf	09:45:37 MEZ	11:35:58 MEZ	36,6%
	Frankfurt/Main	09:43:58 MEZ	11:39:38 MEZ	40,7%
	Usedom	09:53:38 MEZ	11:48:28 MEZ	42,0%
	Berlin	09:50:47 MEZ	11:47:47 MEZ	43,2%
	Stuttgart	09:41:19 MEZ	11:40:35 MEZ	43,3%
	Nürnberg	09:43:32 MEZ	11:44:12 MEZ	45,0%
	Dresden	09:48:02 MEZ	11:48:51 MEZ	46,1%
	München	09:40:59 MEZ	11:45:06 MEZ	47,7%
	Berchtesgaden	09:40:39 MEZ	11:47:44 MEZ	50,6%
Schweiz	Zürich	09:37:59 MEZ	11:39:10 MEZ	44,5%
	Zermatt	09:34:32 MEZ	11:37:21 MEZ	45,4%
	St. Moritz	09:36:38 MEZ	11:41:37 MEZ	47,7%
Österreich	Klagenfurt	09:39:19 MEZ	11:50:08 MEZ	54,2%
	Wien	09:43:46 MEZ	11:53:45 MEZ	54,5%
Polen	Warschau	09:54:08 MEZ	12:00:15 MEZ	53,5%
Ungarn	Budapest	09:44:10 MEZ	11:58:12 MEZ	59,5%
Italien	Catania	09:20:21 MEZ	11:48:08 MEZ	71,6%
Griechenland	Athen	09:30:12 MEZ	12:03:24 MEZ	86,3%
	Kreta/Ostküste	09:28:03 MEZ	12:05:06 MEZ	97,3%
	Rhodos	09:33:11 MEZ	12:09:01 MEZ	97,8%
Türkei	Ankara	09:45:07 MEZ	12:17:08 MEZ	97,3%

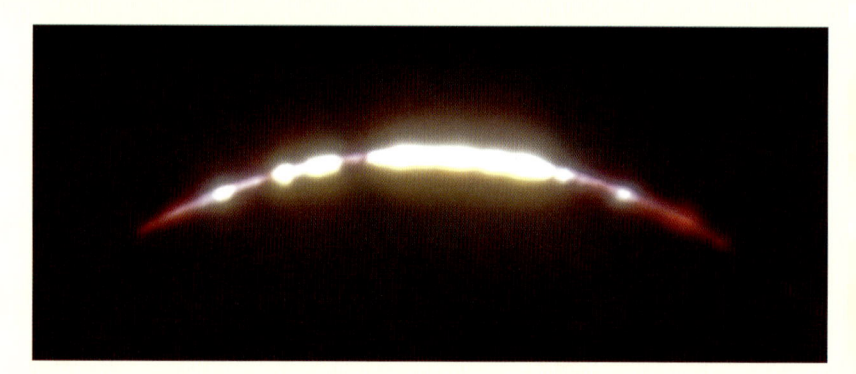

3.7 Beim 2. Kontakt löst sich die Sonnensichel in eine Lichterkette auf.

Beobachtung der partiellen Verfinsterung

Bei der Beobachtung unterscheidet man zwei Bereiche: die partielle Verfinsterung und die totale Verfinsterung. Für die Beobachtung der partiellen Sonnenfinsternis gelten dieselben Regeln wie für die Beobachtung der Sonnenflecken auf der unverfinsterten Sonne. Es gibt zwei Methoden:
Nur mit Hilfe geeigneter Sonnenfilter dürfen wir in die Sonne schauen und das Ereignis verfolgen. Geeignet sind z. B. die „Sonnenfinsternis-Brillen" bestückt mit Folien-Sonnenfiltern. Aus der als Meterware im astronomischen Fachhandel erhältlichen „Mylar-Folie" können wir uns mit Pappe und Klebeband einen ebenso sicheren wie einfachen Sonnenfilter basteln. Absolut ungeeignet sind wegen des Durchlassens von UV- und Infrarotstrahlung z. B. drei Sonnenbrillen übereinander, geschwärztes Glas, fotografischer Film, Computerdisketten, CDs, und was die Fantasie noch alles hervorbringt.
Bei Beobachtungen durch ein Instrument wie Teleskop oder Fernglas muss ein Filter vor die Lichteinlassöffnung montiert werden. Wird er vor oder hinter dem Okular angebracht, verbrennt das Auge!
Die Projektionsmethode: Mit Hilfe der Projektionsmethode lässt sich das Sonnenbild auf eine weiße Fläche projizieren. Es muss nicht immer ein Teleskop sein, ein Fernglas erfüllt auch diesen Zweck. Achtung: Das Okular im Teleskop bzw. Fernglas darf nicht verkittet und auch nicht aus Kunststoff sein, sonst wird es durch das konzentrierte Sonnenlicht beschädigt! Montieren Sie das Fernglas zum Beispiel auf ein Fotostativ und richten Sie es auf die Sonne aus, indem Sie den Schatten des Instrumentes beobachten. Er muss die kleinsten Ausmaße erreichen, dann zeigt das Fernglas zur Sonne. Jetzt sehen Sie bereits das gleißend helle Sonnenlicht aus dem Okularende austreten.
Befestigen Sie einen weißen Karton o. Ä. hinter dem Okularende oder nehmen Sie einfach die weiße Hauswand... Wählen Sie die Entfernung Instrument – weiße Fläche so, dass ein scharfes Sonnenbild an der Projektionsfläche entsteht. Drehen Sie dazu evtl. auch an der Fokussierung und an

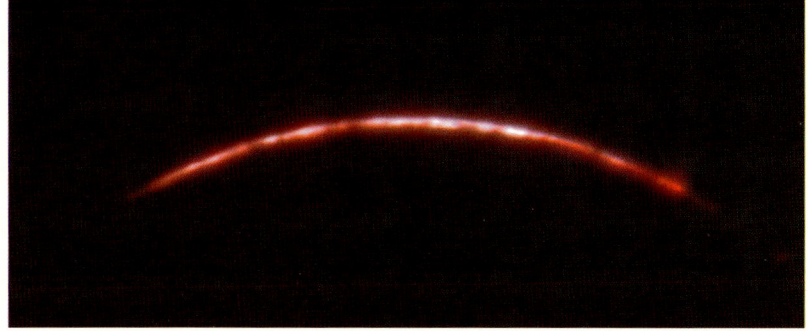

3.8 *Die rote Chromosphäre erscheint nur für wenige Sekunden.*

der Dioptrien-Einstellung des Fernglases.

Beachten Sie die Sicherheitsregeln und Sie werden beobachten können, wie der Mond langsam vor die Sonnenscheibe zieht und sie wieder frei gibt. Sollten Sonnenflecken auf der Sonne sein, so können Sie direkt die Bewegung des Mondrandes sehen, wie er sich über die Flecken hinwegbewegt.

Übrigens: Für die Fotografie der Sonnenfläche gelten dieselben Regeln wie für die visuelle Beobachtung durch ein Instrument! Unabhängig vom Kameratyp, ob mit Film, Digitalkamera, WebCam oder Video. Sorgen Sie stets für ausreichende Filterung VOR dem Beobachtungsinstrument.

Beobachtung der totalen Verfinsterung

Der eigentliche Clou bei einer totalen Sonnenfinsternis! Sobald die Sonnensichel so schmal ist, dass die Mondberge am Mondrand bereits den Sonnenrand abdecken, die Mondtäler am Mondrand jedoch das Sonnenlicht noch durchlassen, löst sich die (immer noch gleißend helle) Sichel der gerade noch sichtbaren Sonnenscheibe in einzelne Punkte auf (Abb. 3.7). Nach diesem sichtbaren Phänomen der so genannten „Lichterkette" ist der Zeitpunkt gekommen, den Sonnenfilter abzunehmen. Was nur wenige Sekunden später folgt, ist das Diamantring-Phänomen: Nur noch an einer Stelle scheint die Sonne durch ein Mondtal, da wird schon die Sonnenkorona als Ring um die „schwarze Sonne" erkennbar. Mit einem Feldstecher oder einem Teleskop beobachtet, erscheint jedoch nach dem Diamantringphänomen die rote (!) Sichel der Sonnen-Chromosphäre (Abb. 3.8). Mit etwas Glück ist vielleicht eine Protuberanz zu sehen. Erst wenn diese Atmosphärenschicht der Sonne auch durch den Mond verdeckt wird, ist der zarte Vorhang der Sonnenkorona (Abb. 3.9) in voller Ausdehnung und Pracht zu erleben – ein unbeschreiblicher Anblick, den man sein Leben lang nicht vergessen wird!

Dieser soeben beschriebene 2. Kontakt markiert den Beginn der Totalität. Er spielt sich in wenigen Sekunden ab. Gleichzeitig wird der Himmel „plötz-

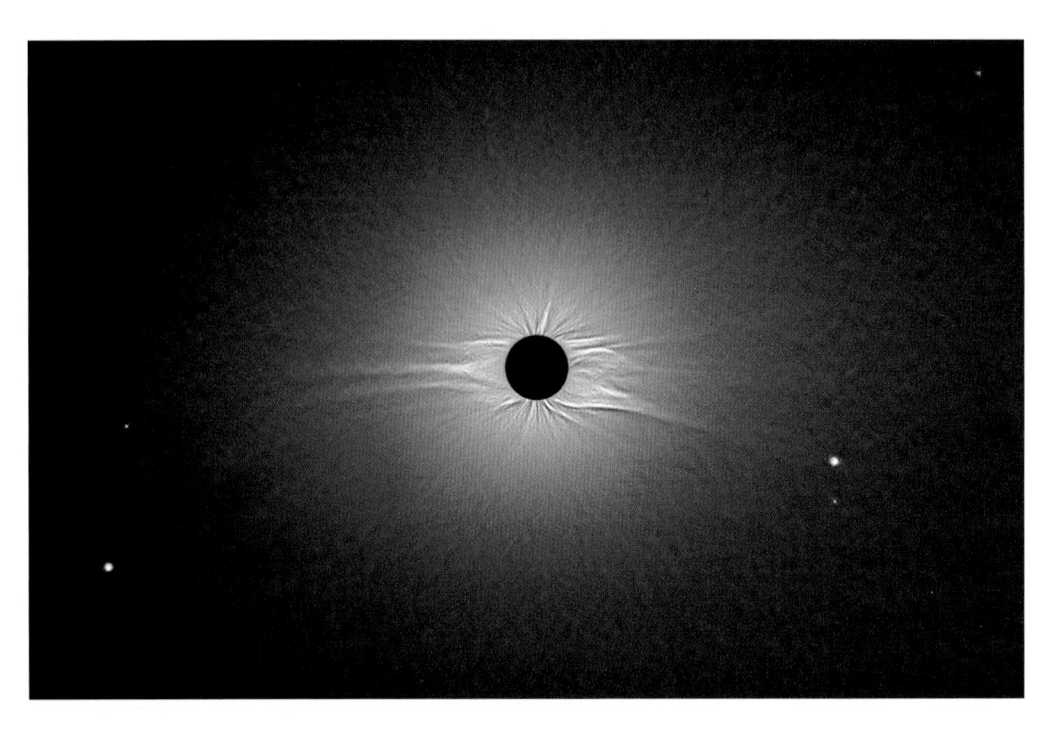

3.9 Der dunkle Himmel während der Totalität lässt neben der Sonnenkorona auch Sterne sichtbar werden, hier eine Aufnahme vom 26. Februar 1998.

lich" dunkel. Nachdem ja bereits die hellen Planeten Venus und Merkur (Abb. 3.10) schon längere Zeit das langsam nachlassende, „grau" werdende Tageslicht durchdrungen haben, wird es nun binnen weniger Sekunden dunkelblau und die helleren Sterne werden erkennbar. Nur rings um den Horizont wird die Erdatmosphäre von orangefarbenem Sonnenlicht erhellt. Gleichzeitig wird es kalt. Die Temperatur kann um 5–8 Grad abnehmen. Der visuelle Eindruck des kosmischen Geschehens am Himmel und das Gefühl der Veränderungen der unmittelbaren Umgebung machen zusammen das Erlebnis einer totalen Sonnenfinsternis aus. Vielen Beobach-

tern läuft buchstäblich ein kalter Schauer über den Rücken...

Vorsicht, wenn nach wenigen Minuten der Totalität beim 3. Kontakt die gleißend helle Sonnenscheibe wieder zum Vorschein kommt! Dann muss sofort wieder der Sonnenfilter verwendet werden. Schon vielen Beobachtern sind dabei aus Vergesslichkeit Instrumente und Kameras verbrannt! Visuelles Beobachten ganz ohne Instrument ist wunderschön und hinterlässt bleibende Eindrücke, weil man auch die Umgebung wahrnehmen kann. Manch einer möchte aber Aufnahmen mit nach Hause nehmen, was jedoch nicht ohne etwas Aufwand möglich ist. Hier kann nur die Mimimalausstattung beschrieben werden. Entscheiden Sie sich vorher: Weitwinkel- oder Teleaufnahmen? In den kurzen Minuten der Totalität haben Sie etwas anderes zu tun, als sich mit der Technik auseinander zu setzen. Falls technisch etwas nicht klappt: Lassen Sie alles stehen und genießen Sie die Finsternis!

Auf jeden Fall braucht man ein stabiles Fotostativ. Wir entscheiden uns hier für ein Teleobjektiv mit 500 mm Brennweite für Kleinbildformat. Dann erhalten wir ein Sonnenbild von knapp 5 mm Durchmesser auf dem Film oder Chip. Gleichzeitig kann die Sonnenkorona schon gut vergrößert abgebildet werden. Die Chips von Digitalkameras sind von sehr unterschiedlicher Größe. Ist der Chip kleiner als KB-Format, so sollte auch eine entsprechend kürzere Objektivbrennweite gewählt werden. Im Zweifelsfalle vorher mit dem Händler reden.

Die Kamera wird mit der Aufnahmeoptik fest aufgestellt und mit Sonnenfilter vor dem Objektiv auf die Sonne gerichtet. Achtung: Aufgrund der scheinbaren täglichen Himmelsdrehung wandert die Sonne langsam aus dem Gesichtsfeld der Kamera hinaus, wir müssen nachstellen! Zuhause vorher Testbelichtungen machen, um festzustellen, wie lange die partiell verfinsterte Sonne mit Sonnenfilter zu belichten ist. Die Filmempfindlichkeit bzw. ISO-Einstellung bei Digitalkameras ist hier unerheblich. Sie sollten nur die Einstellung beibehalten. Für die Sonnenkorona muss viel länger belichtet werden. Da wir der Himmelsdrehung mit dem Stativ nicht folgen können, sollten ISO 400 oder 800 (Digital-Einstellung oder Film) verwendet werden. Wir brauchen eine Kamera, mit der man wenigstens eine Sekunde lang belichten kann. Damit nichts verwackelt, ist ein Drahtauslöser oder eine Fernbedienung wichtig. Während der Totalität fertigt man eine kurze Aufnahmeserie an: 1/500s, 1/125s, 1/30s, 1/8s, 1/2s, eine Sekunde. Das reicht aus und ist schnell erledigt, denn wir wollen ja auch noch Zeit finden, um uns das Ereignis live anzuschauen. Nicht vergessen, vorher zu Hause eine oder mehrere Trockenübungen durchzuführen und die Zeit zu stoppen.

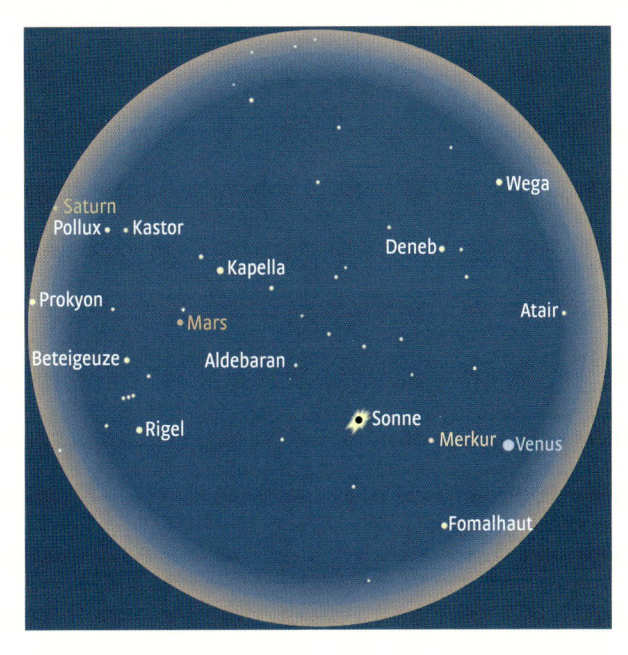

Aus meiner Erfahrung würde ich dem eigentlichen Erlebnis den Vorrang vor einem „perfekten" Foto geben. Viel Glück!

3.10 Der Himmelsanblick während der totalen Verfinsterung, Standort: nahe Antalya/Türkei.

März 2006

Sonne, Mond und Planeten

Der Sternenhimmel um 22 Uhr MEZ

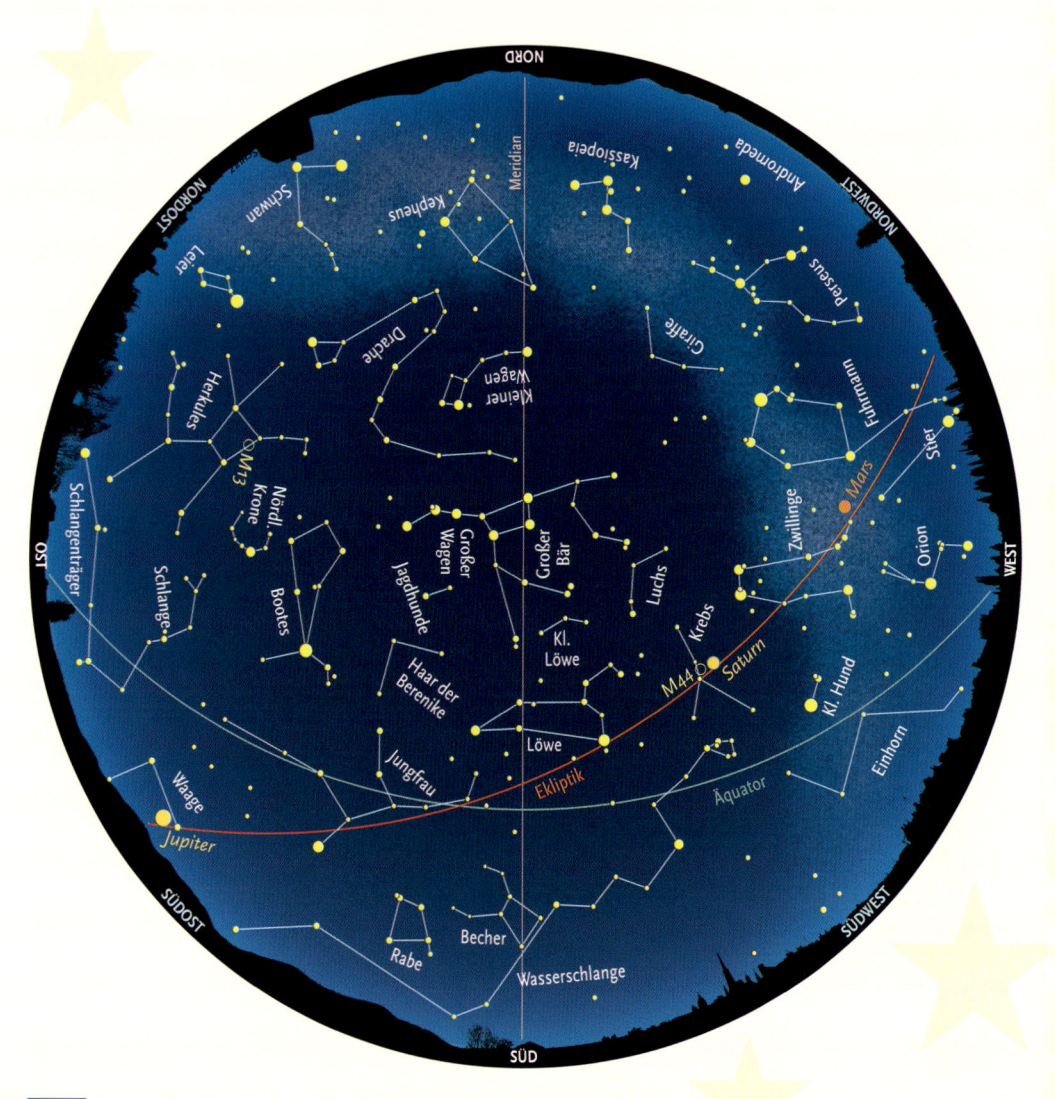

38 April 2006

im April 2006

Merkur ist nicht beobachtbar. Morgenstern Venus geht erst in der Dämmerung auf. Sie zeigt im Fernrohr fast volle Phasengestalt. Mars tritt in das Sternbild Zwillinge ein und geht erst nach Mitternacht unter. Jupiter im Sternbild Waage geht zur Monatsmitte schon um 21 Uhr auf. Saturn, westlich des Sternhaufens M 44, erreicht um 19 Uhr seinen Höchststand und geht gegen 3 Uhr unter. Mit etwas Glück wird zum Monatsende hin der Komet 73P/Schwassmann-Wachmann 3 am Morgenhimmel erkennbar.

		Sonne		Mond		Aktuelles Ereignis	
Datum		Aufg. h m	Unterg. h m	Aufg. h m	Unterg. h m	h m	
Sa	1.	5:57	18:52	6:57	23:32	22:30	Mond 1,8° westl. der Plejaden, Sternbild Stier
So	2.	5:55	18:53	7:25	–		
Mo	3.	5:53	18:55	8:02	0:52	22:15	Mond 2,8° nördlich von Mars (1♊2)
Di	4.	5:51	18:56	8:52	2:00		
Mi	5.	5:49	18:58	9:54	2:52	13:01	Erstes Viertel
Do	6.	5:47	18:59	11:03	3:30	3:00	Mond 2,5° südwestlich von Pollux, Sternbild Zwillinge
Fr	7.	5:44	19:01	12:15	3:57	3:27	Mond 2,8° nordöstlich von Saturn (0♋1)
Sa	8.	5:42	19:02	13:27	4:17		
So	9.	5:40	19:04	14:38	4:33	3:30	Mond 2,1° nördlich von Regulus, Sternbild Löwe
Mo	10.	5:38	19:06	15:47	4:45		
Di	11.	5:36	19:07	16:55	4:56		
Mi	12.	5:34	19:09	18:04	5:07		
Do	13.	5:32	19:10	19:16	5:18	17:40	Vollmond
						20:00	Mond 1,5° südöstlich von Spica, Sternbild Jungfrau
Fr	14.	5:30	19:12	20:30	5:31		
Sa	15.	5:28	19:13	21:46	5:47		
So	16.	5:26	19:15	23:04	6:08		
Mo	17.	5:24	19:17	–	6:36	22:00	Mars (1♊3) 0,7° nördl. des Sternhaufens M 35 (5♊1), Sternbild Zwillinge
Di	18.	5:22	19:18	0:19	7:17		
Mi	19.	5:20	19:20	1:24	8:13		
Do	20.	5:18	19:21	2:15	9:2		
Fr	21.	5:16	19:23	2:52	10:49	4:28	Letztes Viertel
Sa	22.	5:14	19:24	3:18	12:17		
So	23.	5:12	19:26	3:38	13:44		
Mo	24.	5:10	19:28	3:54	15:11		
Di	25.	5:08	19:29	4:09	16:37	2:30	Jupiter (–2♏4) 1,0° nördl. des Doppelsterns α Librae (2♎7), Sternbild Waage
Mi	26.	5:06	19:31	4:23	18:04		
Do	27.	5:04	19:32	4:39	19:32	20:44	Neumond
Fr	28.	5:02	19:34	4:58	21:00		
Sa	29.	5:00	19:35	5:22	22:25		
So	30.	4:59	19:37	5:55	23:41		

Stars am Frühlingshimmel

Am Frühlingshimmel sind die beherrschenden Sternbilder der Löwe (Leo), die Jungfrau (Virgo) und der Bärenhüter (Bootes). Hoch oben in Zenitnähe erreicht mit dem Großen Wagen der Große Bär (Ursa Major) seinen Höchststand. Von der Milchstraße ist nicht viel zu sehen, sie gelangt nur noch tief im Norden über den Horizont. Dafür bietet uns der Frühlingshimmel eine Fülle von Galaxien und Sternhaufen.

4.1a Aufsuchkarte für M 67: Der Sternhaufen steht am Südrand des Sternbildes Krebs, oberhalb des markanten Kopfes des Sternbildes Wasserschlange.

Vor einem Jahr haben wir die Galaxie M 51 im Sternbild Jagdhunde, den offenen Sternhaufen M 44 im Sternbild Krebs und den Doppelstern ϑ Vir im Sternbild Jungfrau betrachtet. Diesmal stelle ich Ihnen den offenen Sternhaufen M 67 im Sternbild Krebs, den Kugelsternhaufen M 53 im Sternbild Coma und die Galaxien M 81 und M 82 im Großen Bären vor.

Offener Sternhaufen M 67

Der 2600 Lichtjahre entfernte offene Sternhaufen M 67 steht ganz zu Unrecht „im Schatten" von M 44 (der Krippe, lat.: Praesepe) im gleichen Sternbild Krebs (lat.: Cancer). Bei einer Gesamthelligkeit von 6^m9 ist M 67 zwar viel lichtschwächer als M 44 (3^m1) und deshalb nicht mit bloßem Auge erkennbar, man benötigt schon ein Fernglas. Aber er ist auch nicht viel schwerer zu finden: M 67 steht 1,8° direkt westlich des 4^m2 hellen Sterns α (alpha) Cancri (Abb. 4.1), etwa auf halbem Weg zwischen Praesepe und der markanten Sterngruppe, die den Kopf der Wasserschlange weiter südlich markiert.

M 67 ist dichter gedrängt als M 44 und mit einer Ausdehnung von 29′ (ein Monddurchmesser am Himmel) auch kleiner. Aber gerade das macht ihn inmitten seiner umgebenden Feldsterne interessant zu beobachten. Im Feldstecher schon gut zu sehen, bietet ein Teleskop sehr viel mehr Sterne, ohne dass der Haufencharakter verloren geht (Abb. 4.2). Auch in kleinen Teleskopen sind ca. 100 seiner insgesamt 400 Sterne erkennbar.

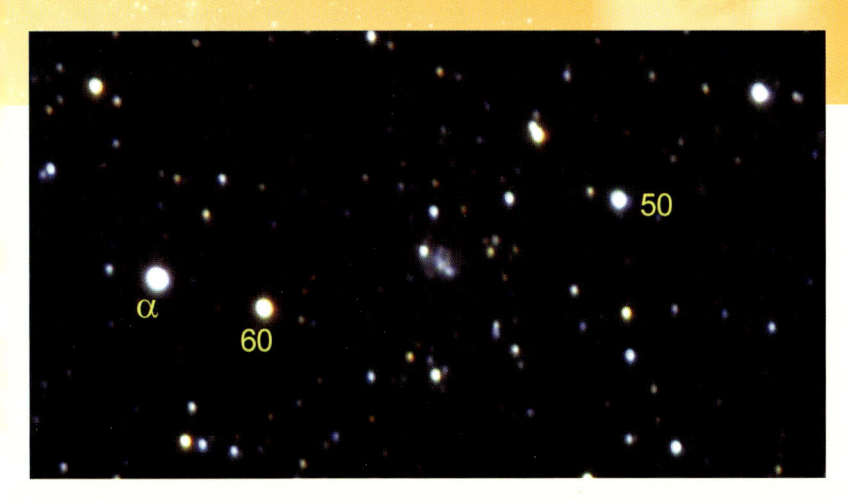

4.1b Aufsuchkarte für M 67: Der Sternhaufen steht zwischen den Sternen 50 und 60 Cancri.

Kugelsternhaufen M 53

Vergleichen Sie einmal den offenen Haufen M 67 im Sternbild Krebs direkt mit dem Kugelhaufen M 53 im Sternbild Haar der Berenice (lat.: Coma Berenices). Was für ein Unterschied! Der Haufen mit einer Gesamthelligkeit von $7^m\!,\!5$ erscheint etwas schwächer als M 67. Mit einem Winkeldurchmesser von 12,6′ ist er auch kompakter. Aber M 53 ist 65.000 Lichtjahre entfernt, 25-mal weiter als M 67! Dass er uns dennoch so hell erscheint, liegt daran, dass er mit geschätzt 330.000 Sternen ungleich sternreicher ist als ein offener Sternhaufen. Die Sterne erscheinen so dicht gedrängt, dass der Haufen mit kleinen Instrumenten nicht in Einzelsterne aufgelöst werden kann: Man erkennt nur einen verwaschenen Fleck von ca. 3′ Durchmesser. Erst mit Teleskopen ab 20 cm Öffnung wird das Haufenzentrum „körnig". Ab 30–35 cm Öffnung sind die Einzelsterne im Zentrum des Haufens erkennbar. Auf Fotografien (Abb. 4.4) ist das gedrängte Haufenzentrum meist überbelichtet dargestellt, um auch die äußeren schwächeren Haufensterne ablichten zu können.

Wir finden M 53 relativ leicht, ein knappes Grad nordöstlich neben dem $4^m\!,\!4$ hellen Hauptstern des Sternbildes, α (alpha) Comae (Abb. 4.3), nahe der Mitte auf der gedachten Verbindungslinie zwischen Arktur (α Bootis), Hauptstern im Bärenhüter, und Denebola (β Leonis), dem Schwanzstern des Löwen.

Galaxien M 81 und M 82

Um das berühmte Galaxienpaar M 81 und M 82 im Sternbild Großer Bär (lat.: Ursa Major) zu finden, bedarf es ein

4.2 Aufnahme des offenen Sternhaufens M 67 (Foto: Stefan Ueberschaer).

April 2006

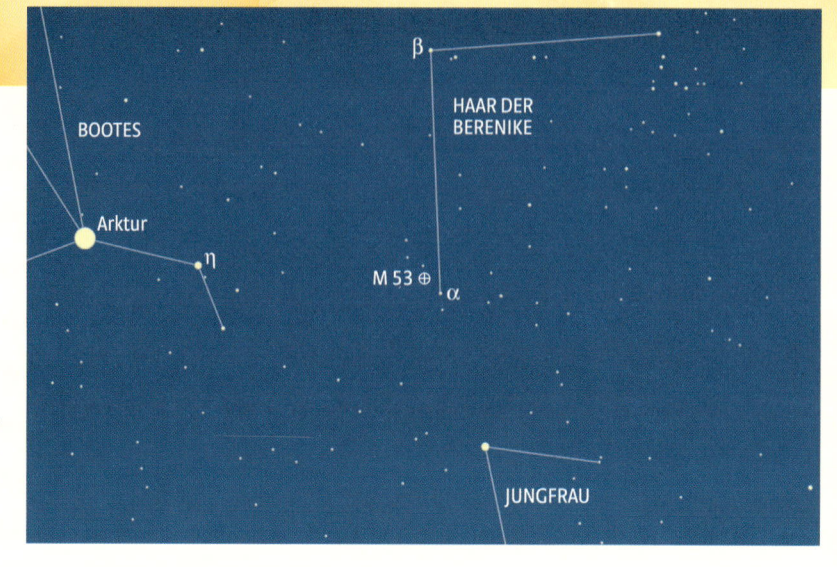

4.3 *Aufsuchkarte für M 53, der Kugelhaufen steht ca. 1° nordöstlich des Sterns α Comae.*

4.4 *Aufnahme des Kugelsternhaufens M 53 im Sternbild Coma (Foto: POSS2)*

klein wenig mehr Aufwand: „Starhopping" ist angesagt, das Hüpfen mit dem Teleskop von Stern zu Stern. Hilfreich ist es, wenn man vorher einen Feldstecher zur Hand nimmt. Dann kann man jene Sterne, die man im Teleskop einstellen sollte, in ihrem Umfeld besser erkennen.

Wir gehen vom Großen Wagen aus und suchen zunächst die beiden Kastensterne auf, deren Verlängerung der gedachten Verbindungslinie zum Polarstern führt: α und β Ursae Majoris (UMa). Knapp 5° nordwestlich davon befindet sich eine markante Dreiergruppe von Sternen der 5. Größenklasse: 38, 35 und 32 UMa (Abb. 4.5). Diese sind mit bloßem Auge noch gut erkennbar, sicher aber mit einem Fernglas. Wir verlängern nun die Verbindungslinie von α UMa nach 35 UMa um weitere 6,5° nach Nordwest und stoßen auf ein Sternpaar: erst ein schwächerer Stern mit $5^m\!,7$ (SAO 14966), dann der Stern 24 UMa mit $4^m\!,6$.

Nachdem wir 24 UMa mit bloßem Auge oder dem Feldstecher identifiziert haben, stellen wir ihn mit unserem Teleskop bei schwächster Vergrößerung ein. Weniger als 1° südöstlich dieses Sterns finden wir dann wieder SAO 14966 und fahren mit dem Teleskop dorthin. Jetzt sind wir fast da: Wir brauchen das Teleskop nur noch ein gutes Grad nach Osten zu fahren und stoßen direkt auf die Galaxie M 81. Etwa ein halbes Grad direkt nördlich davon finden wir M 82. M 81 und M 82 sind auch in unserem zuvor ver-

4.5a Aufsuchkarte für M81/82, die beiden Galaxien stehen ca. 2° östlich des Sterns 24 im Großen Bären. Folgen Sie den Pfeilen (unten).

4.5b Aufsuchkarte für M81/82, Detailansicht.

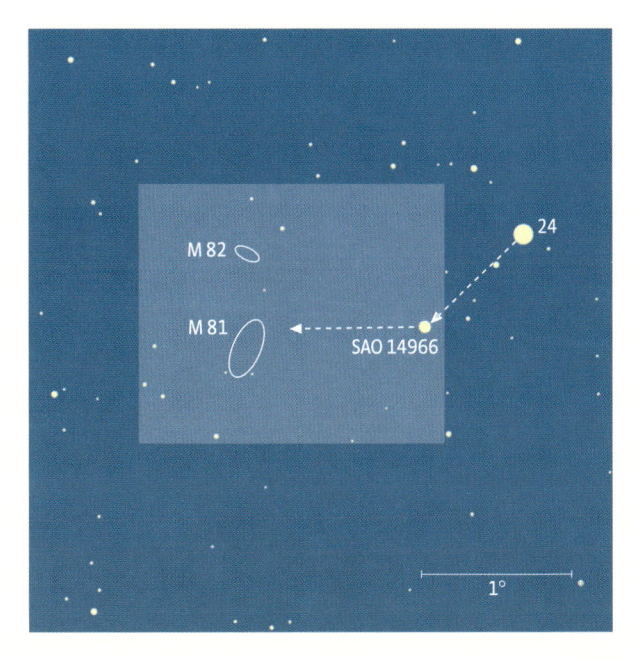

wendeten Feldstecher erkennbar, als schwache Nebelfleckchen. Beide Galaxien gehören zur 10 Mio. Lichtjahre entfernten, so genannten „M-81-Galaxiengruppe", zu der noch mehrere schwächere Mitglieder zählen. Die wahren Durchmesser von M 81 und M 82 sind 70.000 bzw. 35.000 Lichtjahre.

M 81 ist eine Spiralgalaxie vom Typ Sab und ist 24′ × 13′ groß. Im Teleskop werden wir jedoch nur das kleinere, helle Kerngebiet sehen können. Spiralarme von Galaxien sind leider nur in recht großen Teleskopen beobachtbar. M 82 wird bei geringer Vergrößerung im selben Gesichtsfeld wie M 81 zu finden sein. Diese Galaxie ist vom Typ I0 und etwa 12′ × 6′ groß. Im Teleskop erscheint sie recht länglich, ungefähr in Ost-West-Richtung). Auch hier gilt wieder die Grundregel: das Einstellen nimmt man mit kleinsten Vergrößerungen vor, die Beobachtung mit allen zur Verfügung stehenden Vergrößerungen. Vielleicht können Sie sich dazu entschließen, das von vielen Faktoren abhängige Erscheinungsbild der beobachteten Objekte in Ihrem Beobachtungsbuch zu beschreiben?

April 2006

Der dreifache Komet 73P/Schwassmann-Wachmann 3

Kometen zählen zu den interessantesten und schönsten Himmelsobjekten. Für den Laien jedoch nur, wenn sie selbst am bereits aufgehellten Stadthimmel noch hell leuchtend „ins Auge springen". So zuletzt der Komet C/1995 O1 (Hale-Bopp), der mehr als ein Jahr lang mit bloßem Auge erkennbar und 1997 monatelang ein Blickfang für die Öffentlichkeit war, bei einer scheinbaren Helligkeit von bis zu $-0^m\!\!.7$!

Das schöne und spannende an den Kometen ist, dass sie nicht exakt berechenbar sind. Ihre Bahn ist zwar relativ genau bekannt (sonst könnte man keine Raumsonden zu ihnen schicken) aber die Helligkeit vorauszusagen ist extrem schwierig. So gibt es oftmals Kometen, die viel lichtschwächer sind als erwartet. Dies liegt in der Natur der Kometen, die man in der Fachwelt auch als „schmutzige Schneebälle" bezeichnet: ein 1 bis 40 km großes Konglomerat aus gefrorenen Gasen stets unterschiedlicher Zusammensetzung und Staubteilchen oder Körnern („schmutziger Schnee"). Kommt der Komet auf seiner meist stark elliptischen Bahn in Sonnennähe, so wird er erwärmt, der „Schnee" verdampft und reißt die Staubteilchen mit sich;

4.6 Komet 73P/Schwassmann-Wachmann 3 ($8^m\!\!.6$) bei Kugelsternhaufen M 30 am 16.12.1995 um 17:20 MEZ mit Helligkeitsausbruch. 20-cm-Schmidt-Kamera 1:1,5, TP2415 (hyp.), 9 min belichtet (Foto: Michael Jäger).

eine Kometenkoma bildet sich. Wie viel jedoch zu welchem Zeitpunkt verdampft, das ist sehr schwer vorherzusehen, denn es hängt stark von der individuellen Zusammensetzung des Kometen ab. So kommt es häufig zu Fehleinschätzungen der erwarteten Helligkeit der Koma des Kometen. Amateurastronomen können hier durch ihre systematischen Kometenbeobachtungen (Helligkeitsschätzungen oder -messungen) wertvolle Beiträge liefern.

Ab und zu passiert jedoch das Gegenteil: Ein Komet entwickelt sich nicht schwächer als erwartet, sondern er wird außerordentlich viel heller! So vielleicht der Komet 73P/Schwassmann-Wachmann 3, der im April/Mai 2006 wiederkehren wird und eine Überraschung bergen könnte.

Das entscheidende Jahr

war 1995, als dieser Komet bei seiner Sonnennähe (dem Perihel) im September (nach der Zeitschrift *Schweifstern* Nr. 58 vom April 1995 der VdS-Fachgruppe Kometen) ganze 11–12^m Helligkeit erreichen sollte – unspektakulär und eigentlich nur etwas für „Kometenfreaks" unter den Amateurastronomen.

In seiner Oktober-Ausgabe 1995 berichtete der *Schweifstern* Nr. 61, dass 73P überraschenderweise heller wurde und Anfang Oktober eine Maximalhelligkeit von 6^{m}5 erreichte! Die Helligkeit ging dann wieder zurück und gipfelte in einem plötzlichen Ausbruch bei 5^{m}3, was den Kometen für das bloße Auge erkennbar machte. Unglaublich, eine Helligkeit 6 Größenklassen über der erwarteten! Und der als kaum ausgeprägt erwartete Kometenschweif entwickelte sich zu einem Bilderbuch-Schweif.

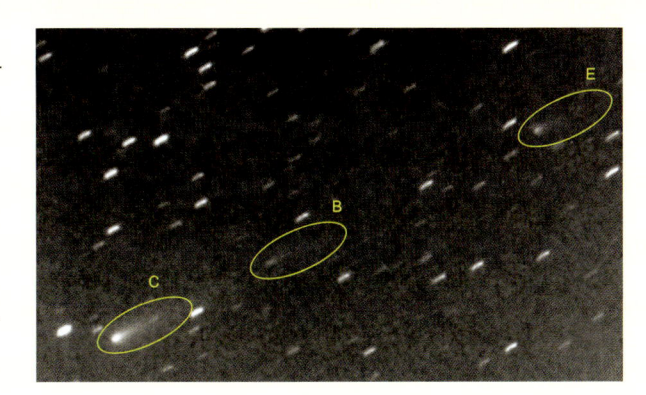

Ausgabe Nr. 62 des *Schweifstern* berichtete dann im Dezember 1995, dass die Helligkeit zunächst wieder abnahm, um dann erneut auf 7^{m}0 Mitte November anzusteigen. Im Dezember ging die Helligkeit dann endgültig zurück. Amateure beobachteten im Dezember, dass Koma und Schweif des Kometen im Teleskop nicht mehr trennbar waren. Abbildung 4.6 zeigt den 8^{m}6 hellen Kometen am 16.12.1995 in der Nähe des Kugelsternhaufens M 30 im Sternbild Steinbock. Normalerweise fällt die Trennung von Koma und Schweif leicht, da die Koma stets viel heller ist als der Schweif.

Was war hier anders?

Die Aufnahme des Kometen bei seiner Wiederkehr fünf Jahre später am 5.12.2000 – die Periode des Kometen beträgt 5,36 Jahre – im Sternbild Waage (Abb. 4.7) verdeutlicht, was

4.7 Der Komet 73P/Schwassmann-Wachmann 3 im Sternbild Waage am 5.12.2000 um 5:37 MEZ. Bruchstücke B, C und E mit den Helligkeiten B: 13^{m}7, C: 11^{m}0, E: 12^{m}5. Aufgenommen mit 12-Zoll-Deltagraph 1:3,3, 14 min belichtet, TP2415 (hyp.) (Foto: Michael Jäger).

April 2006 45

4.8 Bahn der Fragmente C, B und E am Himmel vom 1.3. bis 31.5.2006

4.9 Der Vorübergang der drei Kometenfragmente an Arktur, dem Hauptstern im Sternbild Bärenhüter vom 21. bis 25. März jeweils um 22 Uhr. Es sind Sterne bis zur 8. Größenklasse dargestellt.

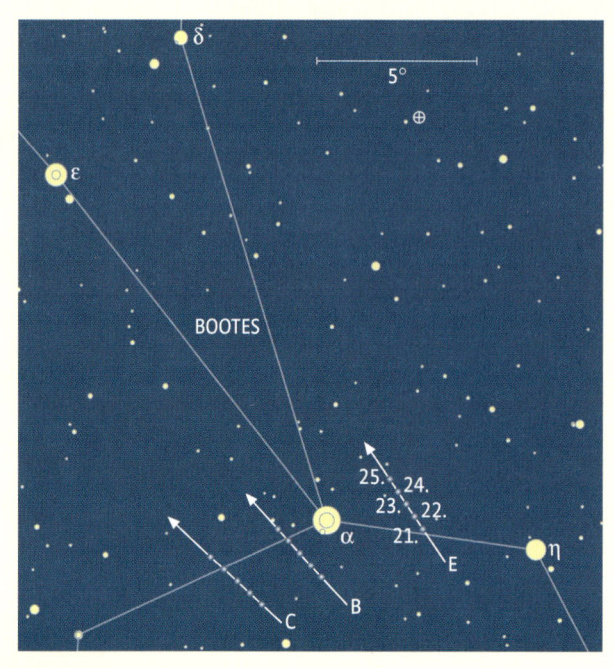

passiert war: Der Komet war 1995 in mehrere Teile zerbrochen. Die dabei frei werdenden Gase und die hohe Staubdichte in der Koma verursachten die unregelmäßig wiederkehrenden Helligkeitsausbrüche und das seltsame Aussehen im Herbst 1995. Drei Bruchstücke des Kometen konnten später wiedergefunden werden. Bruchstück C war im gezeigten Bild mit 11ᵐ0 das hellste, E hatte 12ᵐ5 und Fragment B nur 13ᵐ7 vorzuweisen. Alle Bruchstücke zeigten kurze Schweife und waren zu separaten Kometen geworden, die alle auf (fast) derselben Bahn ziehen.

Was wird in diesem Jahr geschehen?

Bei dieser Wiederkehr treffen zwei Faktoren aufeinander: 73P/Schwassmann-Wachmann 3 kommt zum

April 2006

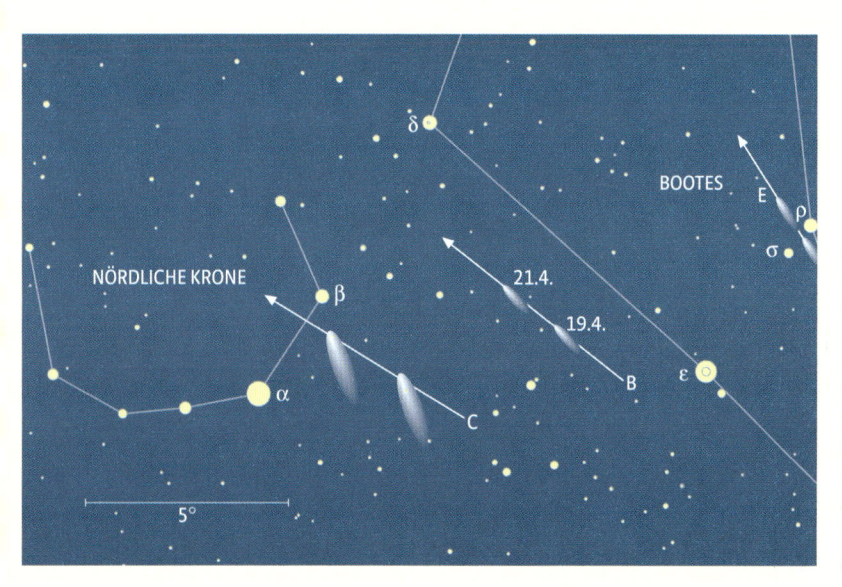

4.10 Die Kometenfragmente ziehen in den Tagen um den 20.4. durch die Sternbilder Nördliche Krone und Bärenhüter, Darstellung jeweils um 22 Uhr. Es sind Sterne bis zur 8. Größenklasse dargestellt.

einen der Erde bis auf wenige Millionen Kilometer nahe, was eine rechnerische Helligkeit von etwa 7-8^m erwarten ließe und den Kometen immerhin zum Feldstecherobjekt macht. Der zweite spannende Faktor besteht in

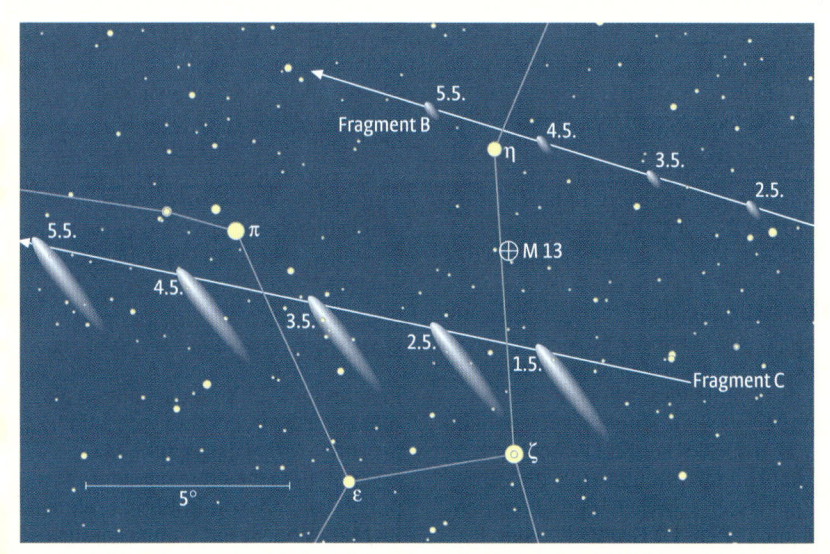

4.11 Die Fragmente B und C im Sternbild Herkules vom 1. bis 5.5. jeweils um 22 Uhr MEZ. Es sind Sterne bis zur 8. Größenklasse dargestellt.

April 2006 47

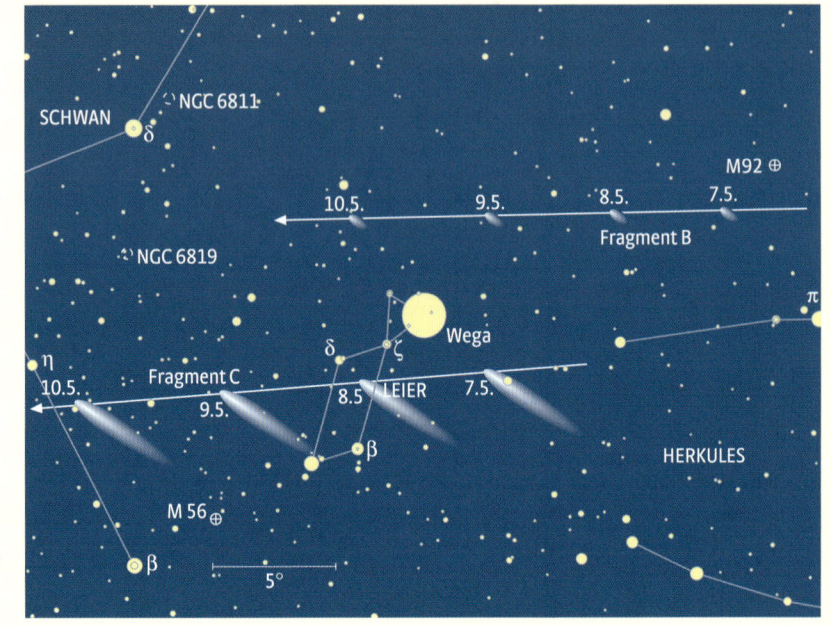

4.12 Die Fragmente B und C im Sternbild Leier vom 7. bis 10.5. jeweils um 23 Uhr MEZ. Es sind Sterne bis zur 7. Größenklasse dargestellt.

der Unsicherheit, wie viele Bruchstücke überhaupt noch existieren (!), wie hell genau die Kometenfragmente nun tatsächlich werden und ob evtl. wieder ein Ausbruch zu erwarten ist. Die drei Teile haben etwa einen Tag Abstand zueinander, was die Position auf der Bahn betrifft. Fragment C nähert sich am 13. Mai bis auf 10,92 Mio. km, Fragment B am 14. Mai auf 9,57 Mio. km, und Fragment E kommt am 17. Mai bis auf 7,48 Mio. km heran. Letzte Schätzungen kurz vor Redaktionsschluss dieses Buches lassen hoffen, dass Fragment C spektakuläre 2^{m}4 erreichen könnte! Fragment B könnte dann mit 5^{m}3 etwa drei Größenklassen schwächer und Fragment E mit 3^{m}7 ca. 1,3 Größenklassen

schwächer als Fragment C werden. Falls die Fragmente überhaupt noch existieren, werden sie sich in Erdnähe recht schnell über den Himmel bewegen, dabei ausgedehnt und sehr diffus erscheinen. Der visuelle Eindruck wird daher schwächer sein als den Zahlen entspricht. Auf Enttäuschungen sollte sich der Beobachter auf jeden Fall gefasst machen...

Beobachtungsmöglichkeiten

In Abbildung 4.8 sind die Bahnen der drei Kometenfragmente vom 1. März bis zum 31. Mai dargestellt. Man erkennt, dass die drei Fragmente fast parallel über den Sternhimmel ziehen. Im März sind sie mit wahrscheinlich

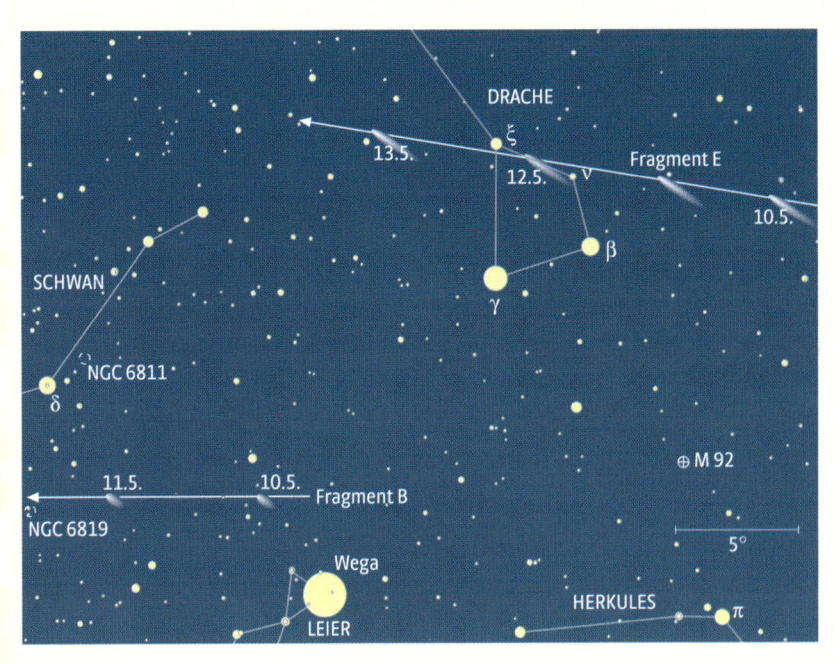

4.13 Das Fragment E im „Kopf des Drachen" vom 10. bis 13.5., jeweils um 23 Uhr. Es sind Sterne bis zur 7. Größenklasse dargestellt.

9-13^m (grobe Prognose!) noch relativ lichtschwach und damit Teleskopobjekte, gewinnen im April langsam, im Mai schnell an Helligkeit, während sie der Erde näher kommen, und werden zumindest Feldstecherobjekte sein. Während dieses Beobachtungszeitraumes sind die Teil-Kometen anfangs noch am Abendhimmel zu sehen und werden dann zu Morgenhimmel-Objekten.

Bei der Beobachtung von Kometen ist Mondlicht störend. In der ersten Märzhälfte haben wir zunehmende Mondphase (Vollmond am 15.3.). Trotzdem kann der Komet im Sternbild Bärenhüter etwa bis zum 10.3. gut beobachtet werden, nachdem der Mond untergegangen ist. Etwa ab dem 18.3. geht der Mond erst spät auf, so dass der Komet dann zwischen Ende der Abenddämmerung und Mondaufgang zu beobachten ist. Ende März/Anfang April ist der Mond wieder zunehmend. Der Komet sollte also erst nach Monduntergang und vor Beginn der Morgendämmerung beobachtet werden; das ist bis zum 7.4. möglich. Am 13.4. ist Vollmond. Etwa ab dem 16.4. kann der Komet (immer noch im Sternbild Bärenhüter) zwischen Ende der Abenddämmerung und Mondaufgang erwischt werden. Am 19.4. wechselt Fragment C ins Sternbild Nördliche Krone, gefolgt am 24. von Fragment B. Ab 30.4. stört dann wieder der Mond am Abendhimmel, der erst sehr spät untergeht,

April 2006 | **49**

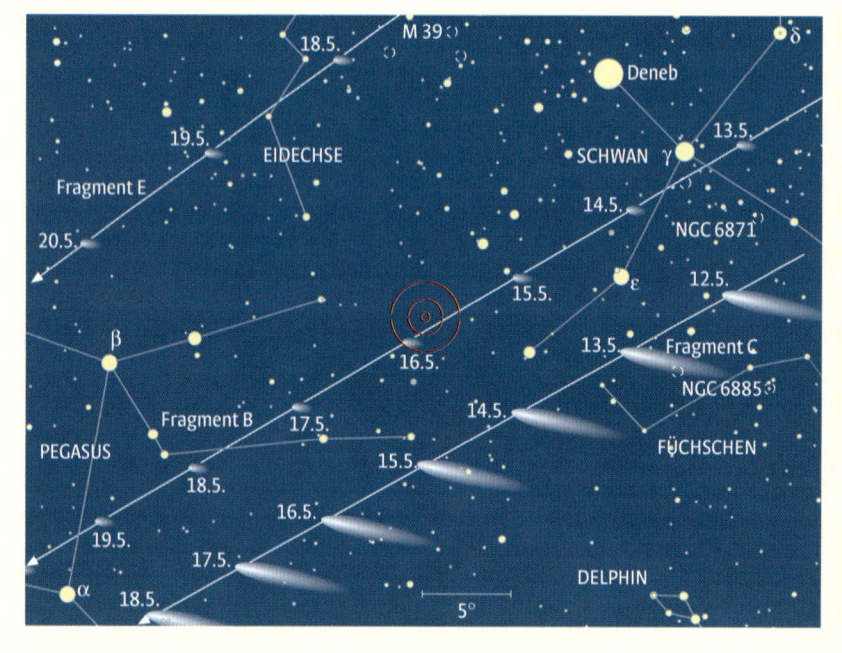

4.14 Die Fragmente C und B und E in Erdnähe im Sternbild Schwan vom 12. bis 20.5.. Es sind Sterne bis zur 6,5ten Größenklasse dargestellt, Uhrzeit jeweils 1:30 Uhr MEZ.

während Fragment C, jetzt im Sternbild Herkules) erst ab 23 Uhr hoch genug steht. Leider bleibt dies so über die Vollmondphase hinweg bis zum 16.5. Die größte Erdnähe der Fragmente C und B im Sternbild Schwan (Abb. 4.14) am 13.5. bzw. 14.5. wird also bei Vollmond versucht werden müssen zu beobachten. Die Erdnähe von Fragment E kann am 17. gegen 0 Uhr beobachtet werden, Dämmerungsende ist um 22:51, der Mond geht um 0:12 auf. Am 20. Mai endet die Gelegenheit zur Beobachtung der Fragmente B und C, sie gehen danach erst in der Morgendämmerung auf. Das nördlicher stehende Fragment E kann noch 2 bis 3 Tage länger erwischt werden.

Praktische Kometenbeobachtung

Wie findet man Kometen, die nicht mit bloßem Auge erkennbar sind? Dabei helfen uns z. B. hellere Sterne, an denen der betreffende Komet dicht vorüber zieht. Suchen wir den Stern auf, so ist dann der Komet nicht weit weg und sollte als diffuses Objekt gut zu finden sein. Am 24. März ziehen die Fragmente an einem Stern der Helligkeit $0^m\!.2$ vorbei: an Arktur im Sternbild Bärenhüter, Fragment B in nur 1° Abstand. Zwischen Fragment C und E liegen nur 4,5° (Abb. 4.9).
Am 21. April dient der $2^m\!.2$-Stern Gemma (α CrB) im Sternbild Nördliche Krone als Wegweiser zu Fragment C,

das sich nur 2° nordöstlich befindet (Abb. 4.10). Zwei Tage zuvor ist Fragment E zwischen den beiden Sternen ρ und σ Bootis im Sternbild Bärenhüter (3ᵐ6 bzw. 4ᵐ5) hindurchgezogen.
Am 1. Mai zieht Fragment C 2° südlich am Kugelsternhaufen M 13 im Sternbild Herkules vorbei, welches von beiden Objekten heller sein wird ist noch fraglich, vermutlich Fragment C. Am 4. Mai folgt Fragment B 3° nördlich von M 13. Der Stern η Herculi kann dann als Wegweiser zu Fragment B dienen, das sich 1,2° nordwestlich befindet (Abb. 4.11).
Am 8. Mai zieht Fragment C durch das Sternbild Leier, 2½° südlich an Wega vorbei (Abb. 4.12). Am 10. Mai Fragment B 2½° nördlich (Abb. 4.12 und 4.13).
Am 13. Mai steht Fragment E im Kopf des Sternbildes Drache (Abb. 4.13).

Gleichzeitig zieht Fragment B knapp 1½° südlich am 2ᵐ2 hellen Stern γ Cygni im Sternbild Schwan vorbei (Abb. 4.14).
Am 18. Mai ist Fragment C ca. 3° südwestlich von α Pegasi (2ᵐ5) zu finden, dem südwestlichen Eckstern des Pegasus-Vierecks. Am 19 Mai zieht Fragment B 2° nordöstlich vorbei (Abb. 4.14).
Am 23. Mai steht Fragment E nur 1,3° nordöstlich des 2ᵐ8 hellen Sterns γ Pegasi, dem südöstlichen Eckstern des Pegasus-Vierecks (Abb. 4.15).
Alles ist möglich: Der Komet könnte ein Feldstecherobjekt bleiben oder sich zu einem spektakulären Objekt für das bloße Auge entwickeln. Meiner Meinung nach ist 73P/Schwassmann-Wachmann 3 mit seinen (hoffentlich noch) drei Fragmenten der Kometenhöhepunkt des Jahres 2006.

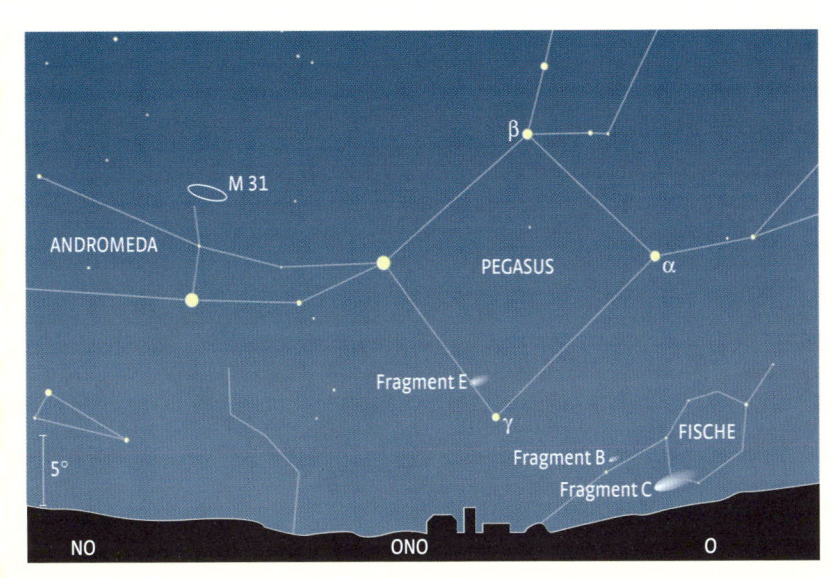

4.15 Vielleicht die letzte Gelegenheit, einen Blick auf die Kometenfragmente zu werfen. Hier sind sie in der beginnenden Morgendämmerung gerade aufgegangen; 23.5., 2 Uhr MEZ im Sternbild Pegasus.

Sonne, Mond und Planeten

Der Sternenhimmel um 22 Uhr MEZ

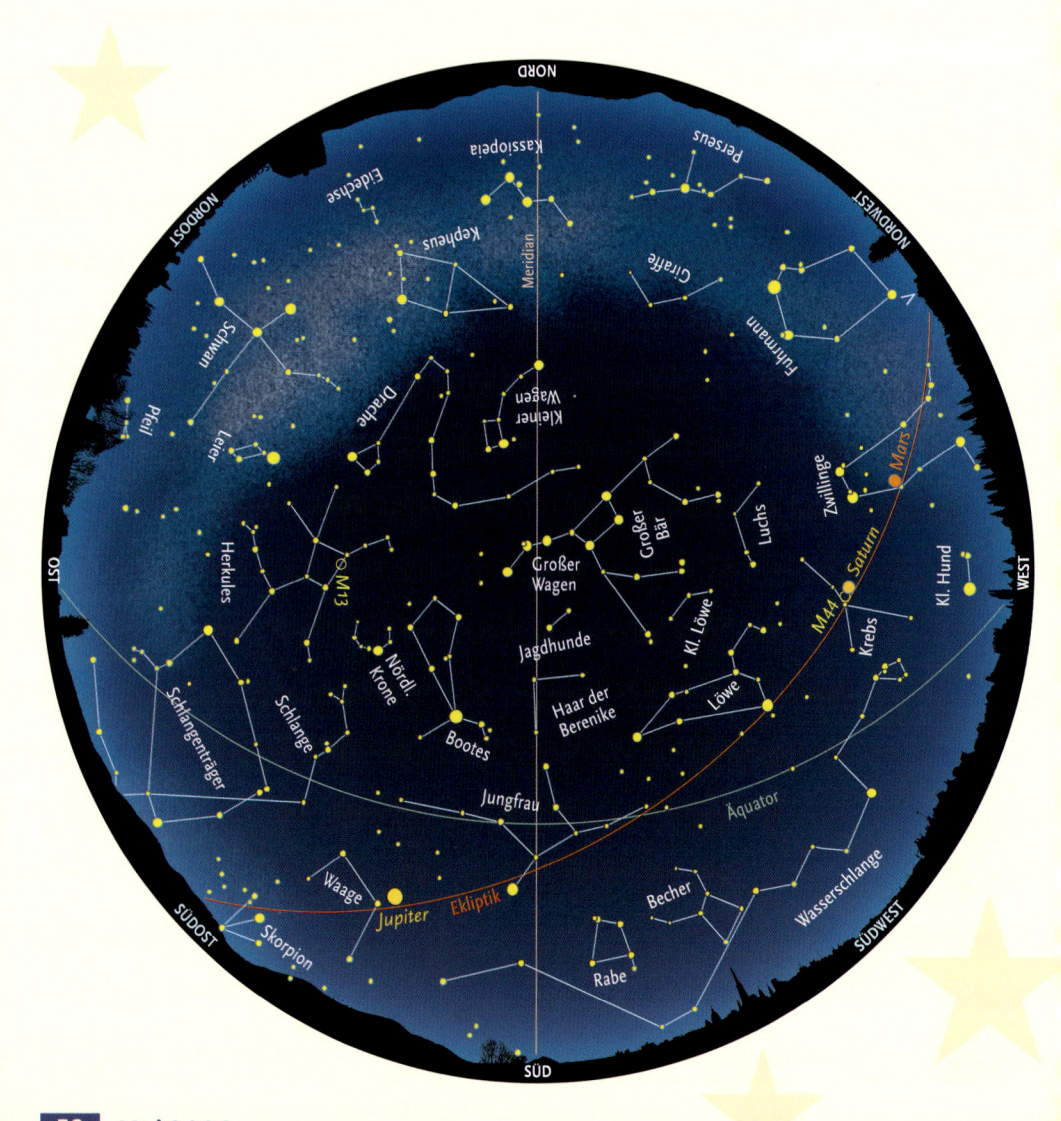

Mai 2006

im Mai 2006

Merkur ist unbeobachtbar. Venus geht zur Monatsmitte erst in der hellen Morgendämmerung gegen 3:15 auf, ungünstig für eine Beobachtung. Mars im Sternbild Zwillinge geht kurz nach Ende der abendlichen Dämmerung unter. Er verabschiedet sich langsam. Jupiter im Sternbild Waage gelangt am 4. in Opposition zur Sonne und bietet somit optimale Beobachtungsbedingungen: Er ist die ganze Nacht zu sehen. Saturn steht bei Dämmerungsende schon tief im Westen und geht zur Monatsmitte gegen 1 Uhr unter.

Datum		Sonne Aufg. h m	Unterg. h m	Mond Aufg. h m	Unterg. h m	Aktuelles Ereignis h m	
Mo	1.	4:57	19:38	6:40	–		
Di	2.	4:55	19:40	7:38	0:42		
Mi	3.	4:53	19:41	8:47	1:27		
Do	4.	4:52	19:43	9:59	1:59		Jupiter in Opposition zur Sonne (Entf. 660 Mio. km), –2♎5, Winkeldurchmesser 44,7″, Sternbild Waage
Fr	5.	4:50	19:44	11:12	2:22	6:13	Erstes Viertel
Sa	6.	4:48	19:46	12:24	2:39		
So	7.	4:47	19:47	13:33	2:52		
Mo	8.	4:45	19:49	14:42	3:04		
Di	9.	4:43	19:50	15:50	3:15		
Mi	10.	4:42	19:52	17:01	3:26		
Do	11.	4:40	19:53	18:14	3:38	1:42	Mond 23′ (0,4°) südlich von Spica, Sternbild Jungfrau
Fr	12.	4:39	19:55	19:30	3:53		
Sa	13.	4:37	19:56	20:49	4:12	7:51	Vollmond
So	14.	4:36	19:58	22:07	4:38		
Mo	15.	4:35	19:59	23:16	5:15		
Di	16.	4:33	20:00	–	6:08		
Mi	17.	4:32	20:02	0:12	7:16		
Do	18.	4:30	20:03	0:53	8:37		
Fr	19.	4:29	20:05	1:22	10:03		
Sa	20.	4:28	20:06	1:44	11:30	10:21	Letztes Viertel
So	21.	4:27	20:07	2:01	12:54		
Mo	22.	4:26	20:08	2:15	14:18		
Di	23.	4:24	20:10	2:29	15:42	23:15	Mars (1♊6) 5,2° südlich von Pollux, Sternbild Zwillinge
Mi	24.	4:23	20:11	2:44	17:06		
Do	25.	4:22	20:12	3:01	18:33		
Fr	26.	4:21	20:13	3:22	19:59		
Sa	27.	4:20	20:15	3:51	21:19	6:26	Neumond
So	28.	4:19	20:16	4:30	22:27		
Mo	29.	4:18	20:17	5:23	23:19		
Di	30.	4:18	20:18	6:28	23:57	22:00	Mond 2,6° südlich von Pollux, Sternbild Zwillinge
Mi	31.	4:17	20:19	7:41	–	23:00	Mond 2,5° nördlich von Saturn (0♌3)

Die Jupitershow 2006 – der Riesenplanet in Opposition

Jupiter, der größte Planet des Sonnensystems, steht am 4. dieses Monats in Opposition zur Sonne. Er ist dann die ganze Nacht über zu beobachten, strahlt mit maximaler Helligkeit und erreicht seinen größten scheinbaren Durchmesser. Grund genug, den Riesenplaneten einmal etwas genauer unter die Lupe zu nehmen und zu beobachten.

Abbildung 5.1 zeigt, wo wir in diesem Jahr den nach Venus zweithellsten Planeten am Himmel finden können. Zu Jahresbeginn befindet sich Jupiter mit einer scheinbaren Helligkeit von $-1^m\!\!.8$ und einem scheinbaren Winkeldurchmesser von 33,35″ noch „rechtläufig" (im Sinne von „richtig herum laufend") auf seiner scheinbaren Bahn im Sternbild Waage. Jupiter bewegt sich vor dem Hintergrund der Sterne jeden Tag ein kleines Stückchen ostwärts. Dabei kommt er am 13. Januar zum ersten Mal am $2^m\!\!.7$ hellen Stern α Lib (alpha Librae) im Sternbild Waage vorbei. An diesem Tag steht der Planet nur 46′ nördlich des Sterns, etwas mehr als ein Vollmonddurchmesser. Vielleicht schauen Sie sich bei dieser Gelegenheit einmal den Stern an: Es ist ein Doppelstern mit den Komponenten α^1 und α^2. Letzterer trägt den

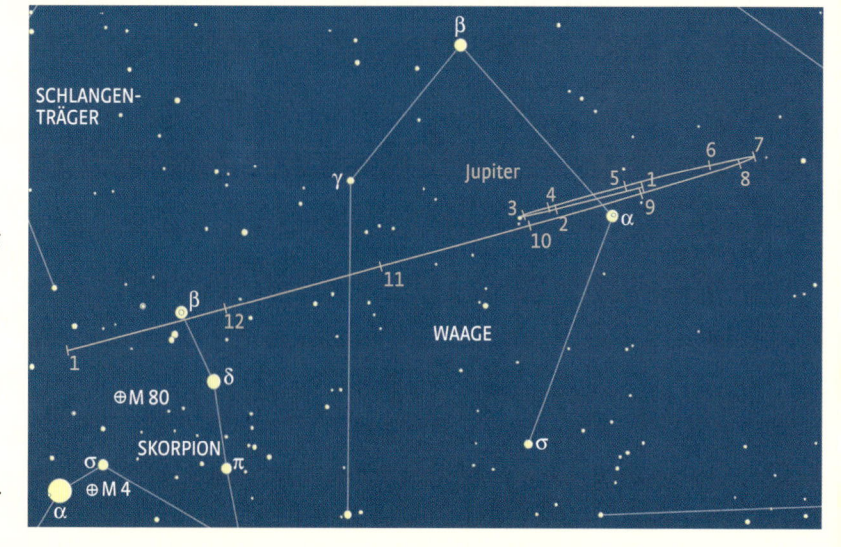

5.1 Die Jupiterbahn vom 1.1.2006 bis 1.1.2007 in den Sternbildern Waage bis Skorpion. Jeweils für den Monatsersten sind die Positionen angegeben. Die schwächsten Sterne sind von der Helligkeit 7^m.

Namen „Zuben el Genubi", ist von weißer Farbe, $2^m\!\!.72$ hell und damit der deutlich hellere der beiden Sterne. Die 3,9′ vom Hauptstern entfernte weißgelbe Komponente α^1 trägt keinen Namen und ist mit $5^m\!\!.15$ die schwächere. Der Doppelstern ist 77 Lichtjahre entfernt, α^2 besitzt die 37-fache Leuchtkraft unserer Sonne, α^1 ist nur so hell wie vier Sonnen. Beide Sterne sind nochmals doppelt, was in Amateurinstrumenten jedoch nicht erkennbar ist, da die Einzelsterne zu dicht beieinander stehen. Die Komponenten α^1 und α^2 stehen jedoch so weit auseinander, dass man sie gerade noch mit bloßem Auge getrennt erkennen kann.

Jupiter bewegt sich weiter rechtläufig nach Osten, bis er am 5. März in seine Oppositionsschleife eintritt. Dann ändert er seine Bewegungsrichtung von ostwärts nach westwärts und wird damit „rückläufig". Dies passiert unweit des $5^m\!\!.2$ hellen Sterns ν Lib (ny Librae). Da Jupiter und Erde sich dabei annähern, steigen die Helligkeit und der scheinbare Durchmesser des Riesenplaneten an. Am 5. März sind es bereits $-2^m\!\!.2$ und 39,97″. Am 25. April kommt der inzwischen $-2^m\!\!.4$ helle Jupiter in diesem Jahr zum zweiten Mal an α Lib vorbei. Diesmal bleibt er 1° nördlich.

Am 4. Mai ist die Mitte der Oppositionsschleife erreicht: Jupiter steht der Sonne am Himmel genau gegenüber und ist so die ganze Nacht zu beobachten. Seine Entfernung von der Erde beträgt „nur" noch 660 Mio. Kilometer, seine Helligkeit steigt auf $-2^m\!\!.5$ und sein Winkeldurchmesser auf 44,57″. Damit sind optimale Beobachtungsbedingungen gegeben: Eine große Helligkeit, ein großer Durchmesser, und seine größte Höhe über dem Horizont im Süden werden um Mitternacht erreicht. Wollen wir einen Planeten in möglichst kleinen Details beobachten, so müssen wir alle Bedingungen zu optimieren trachten. Wir planen daher unsere Beobachtungszeit nicht etwa kurz nach Aufgang des Planeten, wenn er tief in den von der Tagessonne noch aufgeheizten, wabernden Luftschichten steht. Nein, wir sollten den Planeten zur Zeit seines Höchststandes beobachten, wenn er über den warmen Luftschichten steht, wo die Luftruhe wesentlich besser ist: Je höher die Horizonthöhe, um so ruhiger die Luft.

Vielleicht nehmen wir uns einmal etwas Zeit, die höchstmögliche sinnvolle Vergrößerung zu finden, bis zu der wir noch einen Zuwachs an Detailreichtum erkennen können, und fertigen eine Zeichnung der Wolkenoberfläche von Jupiter an. Wir können dazu ein weißes Blatt Papier nehmen, unser Beobachtungsbuch, in dem wir ja sowieso alle Beobachtungen festhalten. Wir beginnen bei einer Zeichnung mit den groben Strukturen, die wir nach und nach verfeinern. In ca. 10 Minuten sollten wir die Zeichnung fertig haben, denn die Rotationsgeschwindigkeit des Planeten ist mit ca. $9^h 55^m$ sehr schnell! Er dreht sich sozusagen unter unseren Händen weg. Zu

5.2a Jupiter am 30.3.2003. Anhand des „Großen Roten Flecks" kann man schon nach kurzer Zeit die Planetenrotation erkennen (Foto: Bernd Koch).

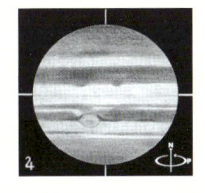

5.2b Jupiter am 23.4.2005 um 20:25 UT, am 120-mm-Teleskop gezeichnet von Cai-Uso Wohler.

Beobachtbare Durchgangszeiten (MEZ) des Großen Roten Flecks im Mai 2006

Datum	GRF-Durchgang	Horizonthöhe
2.	1:03	24,7°
4.	2:41	18,3°
4.	22:32	21,2°
7.	0:10	25,3°
9.	1:48	21,1°
9.	21:39	18,8°
11.	23:17	25,2°
14.	0:55	23,3°
16.	2:33	13,9°
16.	22:24	24,3°
19.	0:02	24,9°
21.	1:40	17,4°
26.	0:47	20,5°
28.	2:26	8,5°
28.	22:17	26,0°
30.	23:55	22,9°

▸ Jupitermond zieht vor dem Jupiter her : Vorübergang
▸ Schatten eines Jupitermondes fällt auf den Jupiter : Schattenvorübergang
▸ Jupitermond verschwindet hinter dem Jupiter : Bedeckung
▸ Jupitermond tritt in den Schatten von Jupiter ein : Verfinsterung

Anfang wird uns das nicht möglich sein, denn es fehlt die Übung. Also üben wir. Versuchen Sie einmal, den „Großen Roten Fleck" (GRF, Abb. 5.2) zu erwischen. In der Tabelle oben ist angegeben, zu welchen Zeiten der GRF die Mittellinie (den „Zentralmeridian") des Jupiterscheibchens durchläuft (bei diesen Angaben steht die Sonne tiefer als 12° unter dem Horizont). Der GRF ist nicht einfach eine ovale Scheibe, sondern er verändert langfristig sowohl Größe, Form und Farbe, ist mal heller und mal dunkler. Es lohnt sich, ihn regelmäßig zu beobachten.

Der Tanz der Jupitermonde

Weitere lohnende Beobachtungsobjekte sind die vier Galileischen Monde Io, Europa, Ganymed und Kallisto (von innen nach außen), die schon im Feldstecher erkennbar sind. Hier kann man richtig „Action" beobachten! Da wir auf der Erde in fast derselben Ebene stehen wie die Umlaufbahnen der Jupitermonde, gibt es verschiedene „Erscheinungen" bei jedem der vier hellen Monde zu beobachten:

In der Tabelle S. 57 habe ich jene Jupitermonderscheinungen dieses Monats aufgeführt, bei denen Jupiter zum einen einigermaßen hoch steht, zum anderen die Sonne tiefer steht als 12° unter dem Horizont (nautische Dämmerung). Interessant sind vor allem jene drei Ereignisse, die in voller Länge zu verfolgen sind: am 1./2. Mai, am 8./9. Mai und am 20./21. Mai.

Auch in kleinen Instrumenten einigermaßen gut zu erkennen sind die Schattenvorübergänge auf dem Jupiter, denn die Schatten der Monde sind sehr dunkel. Die Schatten der größeren Monde Ganymed und Kallisto sind besser erkennbar als die kleinen Schatten von Io oder Europa. Schwierig ist es zuweilen selbst in größeren Instrumenten, den betreffenden Mond bei seinem Vorübergang vor dem Jupiter zu sehen, der Kontrast ist sehr schwach. Aber auch hier gilt: Je geringer die Luftunruhe um so besser sind Einzelheiten erkennbar. Wir sollten uns nicht entmutigen lassen, wenn es nicht klappt. Vielleicht ist die Luftunruhe einfach zu groß.

Am 6. Juli ist die Oppositionszeit beendet. Jupiter wird wieder rechtläufig und zum Abendhimmelobjekt. Am 12. September gegen 20 Uhr schauen wir nochmals hin: Jupiter zieht nun zum dritten Mal an α Lib vorüber.

5.3 Jupiter mit Mond Io und dessen Schatten. Der „Große Rote Fleck" befindet sich nahe am östlichen Planetenrand (Foto: B. Flach-Wilken).

Jupitermonderscheinungen im Mai 2006

Datum	MEZ	Mond	Art		Höhe
1.	0:32	Io	Verfinsterung	Beginn	25°
	2:46	Io	Bedeckung	Ende	19°
1.	21:53	Io	Schattenvorübergang	Beginn	16°
	21:58	Io	Vorübergang	Beginn	17°
2.	0:02	Io	Schattenvorübergang	Ende	25°
	0:05	Io	Vorübergang	Ende	25°
2.	21:12	Io	Bedeckung	Ende	12°
4.	2:22	Ganymed	Schattenvorübergang	Beginn	20°
	2:40	Ganymed	Vorübergang	Beginn	18°
5.	0:05	Europa	Verfinsterung	Beginn	25°
	2:39	Europa	Verfinsterung	Ende	18°
8.	2:22	Io	Bedeckung	Anfang	19°
8.	23:42	Io	Vorübergang	Beginn	25°
	23:47	Io	Schattenvorübergang	Beginn	25°
9.	1:49	Io	Vorübergang	Ende	21°
	1:56	Io	Schattenvorübergang	Ende	20°
9.	23:04	Io	Verfinsterung	Ende	24°
12.	2:21	Europa	Bedeckung	Anfang	17°
13.	22:52	Europa	Vorübergang	Ende	25°
	23:21	Europa	Schattenvorübergang	Ende	25°
14.	22:16	Ganymed	Verfinsterung	Ende	23°
16.	1:26	Io	Vorübergang	Beginn	21°
	1:41	Io	Schattenvorübergang	Beginn	19°
16.	22:32	Io	Bedeckung	Anfang	25°
17.	0:58	Io	Verfinsterung	Ende	22°
17.	22:00	Io	Vorübergang	Ende	23°
	22:19	Io	Schattenvorübergang	Ende	24°
20.	22:38	Europa	Vorübergang	Beginn	26°
	23:23	Europa	Schattenvorübergang	Beginn	26°
21.	1:08	Europa	Vorübergang	Ende	20°
	1:56	Europa	Schattenvorübergang	Ende	16°
21.	22:54	Ganymed	Bedeckung	Anfang	26°
22.	2:14	Ganymed	Verfinsterung	Ende	13°
24.	0:17	Io	Bedeckung	Anfang	23°
24.	22:04	Io	Schattenvorübergang	Beginn	25°
	23:44	Io	Vorübergang	Ende	25°
25.	0:13	Io	Schattenvorübergang	Ende	23°
28.	0:54	Europa	Vorübergang	Beginn	19°
	1:59	Europa	Schattenvorübergang	Beginn	12°
29.	23:41	Europa	Verfinsterung	Ende	24°
31.	2:02	Io	Bedeckung	Anfang	10°
31.	23:21	Io	Vorübergang	Beginn	25°
	23:59	Io	Schattenvorübergang	Beginn	23°

Diesmal in nur 31′ nördlichem Abstand, also etwa einem Vollmonddurchmesser. Ende August besteht wohl die letzte Gelegenheit zur Jupiterbeobachtung. Bereits Anfang September geht Jupiter bei Dämmerungsende unter. Am 22. November steht Jupiter hinter der Sonne und kann nicht gesehen werden. Um die Weihnachtszeit herum taucht Jupiter in der Morgendämmerung wieder auf und die neue Beobachtungsperiode beginnt.

Sonne, Mond und Planeten

Der Sternenhimmel um 22 Uhr MEZ

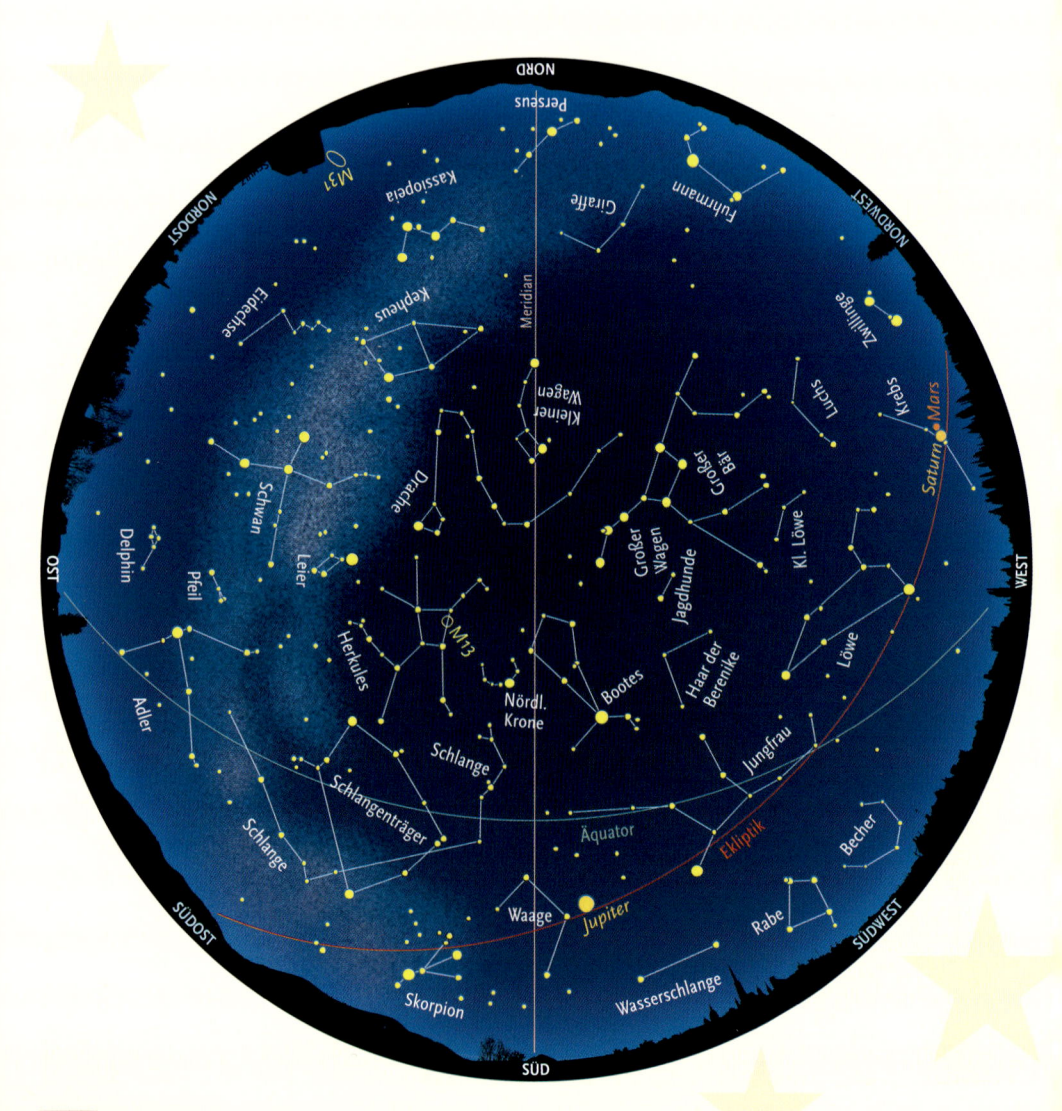

im Juni 2006

Merkur ist unbeobachtbar. Venus ist nur sehr ungünstig zu sehen. Sie geht zur Monatsmitte gegen 2:30 auf, in der sehr hellen Morgendämmerung. Mars trifft Saturn vor dem offenen Sternhaufen Krippe (M 44) im Sternbild Krebs. Beide stehen in der Abenddämmerung tief im Westen und gehen zur Monatsmitte kurz nach 23 Uhr unter. Jupiter im Sternbild Waage ist immer noch sehr gut zu beobachten. Der fernste Planet Pluto ist zu erwähnen, da er am 16. im Sternbild Schlange in Opposition zur Sonne steht.

Datum		Sonne Aufg. h m	Unterg. h m	Mond Aufg. h m	Unterg. h m	Aktuelles Ereignis h m	
Do	1.	4:16	20:20	8:55	0:23		
Fr	2.	4:15	20:21	10:08	0:43	22:30	Mond 1,3° nordöstlich von Regulus, Sternbild Löwe
Sa	3.	4:15	20:22	11:18	0:58	23:30	Saturn (0♋3) im off. Sternhaufen Krippe, Sternbild Krebs
So	4.	4:14	20:23	12:27	1:10	0:06	Erstes Viertel
Mo	5.	4:13	20:24	13:35	1:22		
Di	6.	4:13	20:25	14:44	1:33		
Mi	7.	4:12	20:26	15:55	1:44		
Do	8.	4:12	20:26	17:10	1:58		
Fr	9.	4:12	20:27	18:29	2:15		
Sa	10.	4:11	20:28	19:48	2:38	23:22	Mond 45' (3/4 °) südlich von Antares, Sternbild Skorpion
So	11.	4:11	20:29	21:02	3:11	19:03	Vollmond
Mo	12.	4:11	20:29	22:05	3:58		
Di	13.	4:11	20:30	22:52	5:03		
Mi	14.	4:10	20:30	23:25	6:22		
Do	15.	4:10	20:31	23:49	7:49		
Fr	16.	4:10	20:31	–	9:17		Pluto in Opposition zur Sonne (Entf. 4506 Mio. km), 14♐0, Sternbild Schlange
Sa	17.	4:10	20:32	0:07	10:43	22:30	Mars (1♋7) 35' (0,6°) nördlich von Saturn (0♋3), Nordwesthorizont, Höhe 4°, Dämmerung!
So	18.	4:10	20:32	0:22	12:06	15:08	Letztes Viertel
Mo	19.	4:10	20:32	0:36	13:29		
Di	20.	4:10	20:33	0:50	14:51		
Mi	21.	4:11	20:33	1:06	16:15	13:26	Sommeranfang, kürzeste Nacht
Do	22.	4:11	20:33	1:25	17:39		
Fr	23.	4:11	20:33	1:51	19:00	2:30	Mond am Südrand der Plejaden (M 45), Sternbild Stier, Nordosten, Höhe 4°, Dämmerung!
Sa	24.	4:11	20:33	2:25	20:13		
So	25.	4:12	20:33	3:12	21:11	17:05	Neumond
Mo	26.	4:12	20:33	4:13	21:54		
Di	27.	4:13	20:33	5:23	22:24		
Mi	28.	4:13	20:33	6:37	22:46		
Do	29.	4:14	20:33	7:51	23:03		
Fr	30.	4:14	20:33	9:03	23:16		

WebCam: die große Revolution mit kleiner Technik

Fast jeder hat schon einmal von den so genannten WebCams gehört: kleine Videokameras, ursprünglich gedacht zur Live-Bildübertragung über das Internet. Vor einigen Jahren ist ein Amateur-Astronom auf die Idee gekommen, mit einer WebCam astronomische Objekte zu „videografieren". Das klappte sehr gut und wird seitdem mit erstaunlichem Erfolg von vielen Hobby-Astronomen angewendet.

6.1 Die WebCam wird an Stelle des Okulars in den Okularauszug des Teleskops gesteckt.

Es gibt zurzeit Dutzende unterschiedlicher WebCam-Typen von mehr als 20 verschiedenen Herstellern. Die meisten Kameras werden über den USB-Anschluss an den Computer angeschlossen. Prinzipiell lassen sich nahezu alle Kameras für die Astrofotografie einsetzen. Alle halbwegs modernen PCs besitzen eine USB-Schnittstelle, an der die Webcam angeschlossen werden kann. Wichtig für die Wahl einer Kamera für unsere Zwecke sind eine ausreichend hohe Auflösung (mind. 320 x 240 Pixel, besser 640 × 480 Pixel), geringes Gewicht, eine möglichst hohe Lichtempfindlichkeit (am besten weniger als 1 Lux) und eine hohe Datenübertragungsrate an den Computer (mind. USB 1.1, besser USB 2.0). So haben sich einige wenige Kameras unter den Amateuren beliebt gemacht, zum Beispiel die ToUCam Pro oder ihre Nachfolgerin die ToUCam II Pro von Philips, aber auch andere.

Für die Verwendung am Teleskop wird das winzige Standard-Objektiv der WebCam abgeschraubt und stattdessen das Teleskop als Teleobjektiv angebracht. Halt: Eigentlich ist es umgekehrt: Die winzige WebCam wird ohne Objektiv an Stelle des Okulars ans hintere Ende des Teleskops gesteckt (Abb. 6.1). Die Frage ist nur: Wie befestige ich die Kamera, so dass sie nicht verrutschen oder gar herabfallen kann? Dazu kann man sich einen Adapter basteln. Beliebter Spruch unter Amateuren: „Tape (Klebeband) ist nur ein anderes Wort für Adapter". Oder man besorgt sich für einige Euro einen

Adapterring mit dem Durchmesser des Okulars (1¼ Zoll) und dem passenden Gewinde für die WebCam im astronomischen Fachhandel (Abb. 6.2). Die mitgelieferte Software für die WebCam wird nach Vorschrift installiert, und los geht's. Die Kamera wird über den USB-Anschluss vom Rechner mit Energie versorgt. Das Fenster der Software zeigt das aktuelle, von der WebCam gelieferte Bild auf dem Monitor. Helligkeit, Kontrast und Empfindlichkeit können geregelt werden. Auch die Anzahl der Bilder pro Sekunde, die Belichtungszeit je Bild, u. a. Eine Standard-Empfehlung für die einzustellenden Werte kann hier nicht gegeben werden, diese hängen zu stark vom Teleskop und natürlich vom eingestellten Himmelsobjekt ab. Helligkeit und Kontrast werden nach Augenschein so eingestellt, dass wir auf dem Monitor ein möglichst gut aussehendes Bild erhalten. Die Empfindlichkeit sollte moderat gehalten werden, weil sonst das Rauschen zu stark zunimmt. Die Zahl der aufgenommenen Bilder je Sekunde muss nicht wie bei einem „normalen" Video 25 betragen, langsame Rechner können so viele Bilder pro Sekunde gar nicht verarbeiten und speichern, sie unterschlagen viele Bilder. Dann bietet sich eine kleinere Bildrate an. Was wir als Ergebnis auf der Festplatte erhalten, ist ein Video des Motivs, kein Einzelbild! Also eine avi- oder mpg-Datei, die sehr groß ist und mit dem Videoplayer abgespielt werden kann.

Welche Himmelsobjekte kann man aufnehmen?

Da WebCams trotz aller Regelungsmöglichkeiten in ihrer Empfindlichkeit stark eingeschränkt sind, beschränken sich die Beobachtungsmöglichkeiten auf relativ helle Objekte wie Sonne, Mond und Planeten. Versierte Sternfreunde können eine WebCam jedoch

6.2 *Das Standardobjektiv der WebCam wird durch einen 1¼-Zoll-Adapterring für den Okularauszug ersetzt.*

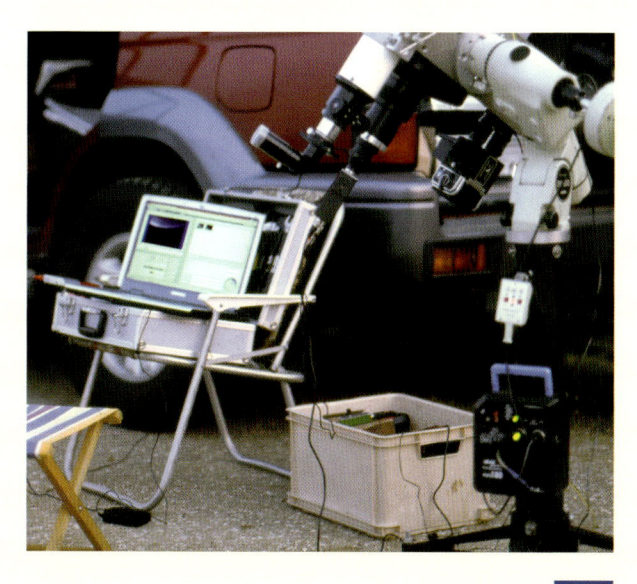

6.3 *Während der Beobachtung im Feld mit Notebook und Videokamera am Teleskop. Welches Motiv wird hier gerade aufgenommen? Richtig, der Mond.*

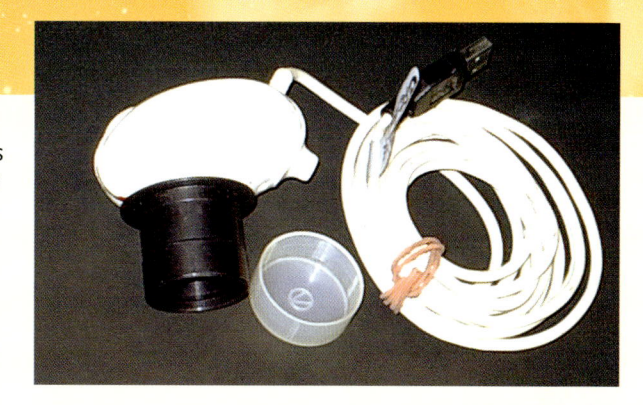

Juni 2006

6.4 Die schmale Venussichel, aufgenommen mit einer WebCam am Teleskop mit kleiner (1,9 m) und großer Brennweite (3,8 m), dargestellt ist jeweils das ganze Bildfeld, Einzelbilder aus dem Videostrom der WebCam.

6.5 Die Bildqualität wächst mit der Zahl verwendeter guter Einzelbilder. Hier der Riesenplanet Jupiter. (a) Einzelbild aus dem Videostrom, (b) Summenbild aus den besten 150 von insgesamt 600 Einzelbildern, (c) bearbeitetes Summenbild, (d) farbkorrigiertes Summenbild (Fotos: Bernd Gährken)

umbauen, so dass sie für längere Belichtungszeiten je Einzelbild geeignet sind. Es gibt auch professionelle Umbauten (z. B. *www.perseu.pt*). Für die Sonnenbeobachtung mit einer WebCam gilt dasselbe wie für die visuelle Beobachtung: nur mit Sonnenfilter vor dem Teleskop. Haben wir unser Zielobjekt auf dem Monitor, können wir in Echtzeit, das Monitorbild im Blick, scharf stellen und das Gesichtsfeld zentrieren (Abb. 6.3). Das einmal gespeicherte Video kann beliebig oft (auf einem Monitor) gezeigt werden und demonstriert sehr schön die Luftunruhe bei hoher Vergrößerung. Vor allem bei Planeten wird sich der Beobachter vielleicht eine höhere „Vergrößerung" wünschen. Diese erzielen wir hier nicht mit einem kurzbrennweitigen Okular (es wird ja gar keins eingesetzt!), sondern mit einer Barlowlinse, die zwischen Teleskop und WebCam gesetzt wird und die Brennweite des Teleskops verdoppelt (oder verdreifacht). Reduziert man die Zahl der aufgenommenen Bilder pro Sekunde von 25 auf 1 bis 3, so lassen sich echte Zeitrafferaufnahmen anfertigen, z. B. von der Rotation des Planeten Jupiter. Wird das Teleskop während der Videoaufnahme bewegt, kann man auch schöne Kamerafahrten über die Mondoberfläche realisieren.

Ein Hauch von Zauberei

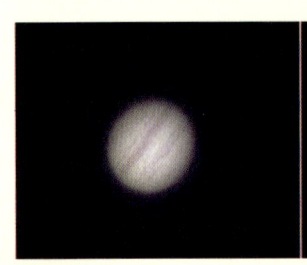

Wie aber kommen nun die schönen, superscharfen Standbilder zum Beispiel von Planeten zustande? Das Einzelbild aus dem Videostrom der Kamera ist doch gar nicht so gut. Zudem muss man Glück haben wegen der stets vorhandenen und störenden Luftunruhe, ab und zu ein scharfes Bild zu erhalten. Der Trick besteht darin, aus dem aus Hunderten oder gar Tausenden von Einzelbildern bestehenden Video die besten herauszusuchen und diese dann zu einem Einzelbild zu kombinieren. Was sich hier wie ein Nachteil anhört (wer soll sich denn die Arbeit machen und z. B. die besten 100 von 2000 Bildern heraussuchen und diese dann mit Bildbearbeitungssoftware kombinieren …?) ist in der Realität ein gewaltiger Vorteil. Denn es gibt Software, die uns diese Arbeit abnimmt. Und hier liegt auch der Vorteil der WebCam gegenüber einer Fotokamera: Um ein scharfes Einzelbild mit einer Fotokamera zu erhalten, brauche ich ruhige Luft und ein glückliches Händchen, den richtigen Moment zu erwischen. Die WebCam nimmt einfach alles, was kommt. Sortiert wird dann später. Programme, die speziell für die Übereinanderlagerung von Videobildern gemacht sind, sind z. B. GIOTTO (www.videoastronomy.org), Registax (registax.astronomy.net) oder Astrostack (www.astrostack.com). Alle diese Programme sind Freeware, also kostenlos aus dem Internet zu laden. In Deutschland dürfte GIOTTO das beliebteste Programm für diesen Zweck sein. Der Autor, Georg Dittié, wurde 2004 mit der VdS-Medaille der Vereinigung der Sternfreunde e. V. für seine Arbeit ausgezeichnet.

Je mehr Einzelbilder zu einem „Summenbild" zusammengefügt werden, umso weniger verrauscht und um so besser ist das Ergebnis. Die Zahl tauglicher Einzelbilder hängt aber wiederum von der Luftunruhe ab. In Abbildung 6.5 ist zu erkennen, wie die Bildqualität mit der Anzahl der gemittelten guten Einzelbilder wächst.

Nach der Überlagerung der besten Einzelbilder wird das Summenbild nachbearbeitet, um den Kontrast zu optimieren und Details schärfer herauszuarbeiten. So ist ein Video am Teleskop in vielleicht 15 Minuten aufgenommen. Für die Sortierung, die Überlagerung und die Nachbearbeitung können aber schnell einige Stunden Arbeit am PC erforderlich sein. Moderne, schnelle Rechner mit hoher Rechenleistung sind hier im Vorteil. Wie überall in der Amateurastronomie und vor allem in der Astrofotografie, ist noch kein Meister vom Himmel gefallen. Der Schlüssel zum Erfolg liegt wie immer in der Zeit und Mühe, die ich persönlich darin investiere, wenn ich ein Ziel erreichen will. Hier heißt das: üben, üben, üben… Und vielleicht ein paar Leute in meiner Umgebung fragen, die sich schon mit dem Problem beschäftigt haben. Was ich für mich als „Erfolgsziel" definiere, kann einfach oder aber sehr hoch gesteckt sein, so wie ich es will, oder vielmehr: wie Sie es für sich wollen. Ich wünsche Ihnen mit dieser mächtigen und doch preiswerten Technik viel Spaß. Probieren Sie es aus, Sie werden überrascht sein!

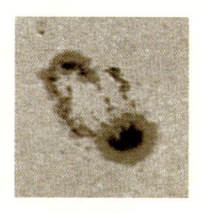

6.6 Ausschnitt der Mondoberfläche, aufgenommen mit einer WebCam am 120-mm-Teleskop: Rillen am Westrand des Mare Humorum zwischen den Kratern Mersenius und Gassendi (Foto: Bernd Gährken).

6.7 Eine Sonnenfleckengruppe, aufgenommen mit einer WebCam am Teleskop mit Sonnenfilterfolie vor dem Teleskop (Foto: W. E. Celnik, B. Flach-Wilken).

Sonne, Mond und Planeten

Der Sternenhimmel um 22 Uhr MEZ

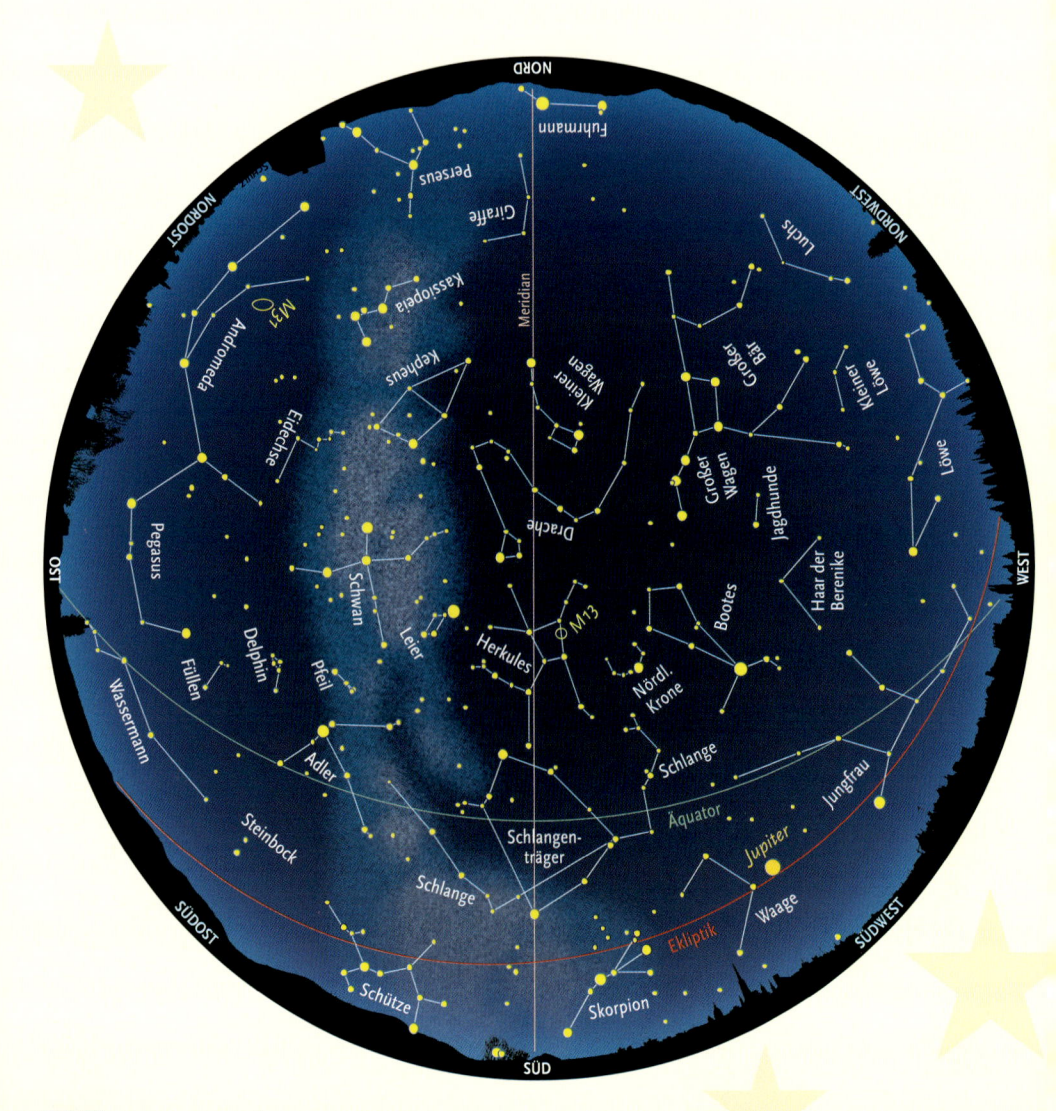

Juli 2006

im Juli 2006

Merkur ist unbeobachtbar. Venus geht zur Monatsmitte gegen 2:30 in der Dämmerung auf. Mars geht wie Saturn noch in der hellen Abenddämmerung unter; beide Planeten sind nicht beobachtbar. Jupiter ist zurzeit der einzig lohnende Planet. Er hat bereits bei Dämmerungsende seinen Höchststand hinter sich und geht um Mitternacht unter. Pluto ist in den Tagen um den 15. herum wegen seiner Nähe zum $3^m_.5$ hellen Stern Xi Serpentis mit einem Teleskop von mehr 15 cm Öffnung gut zu finden.

Datum		Sonne Aufg. h m	Unterg. h m	Mond Aufg. h m	Unterg. h m	Aktuelles Ereignis h m	
Sa	1.	4:15	20:33	10:12	23:28		
So	2.	4:16	20:32	11:20	23:39		
Mo	3.	4:16	20:32	12:28	23:50	17:37	Erstes Viertel
Di	4.	4:17	20:31	13:38	–	0 Uhr	Erde in Sonnenferne
						22:30	Mond 2,1° südöstlich von Spica, Sternbild Jungfrau
Mi	5.	4:18	20:31	14:50	0:02		
Do	6.	4:19	20:31	16:06	0:18		
Fr	7.	4:19	20:30	17:25	0:38		
Sa	8.	4:20	20:29	18:42	1:05		
So	9.	4:21	20:29	19:51	1:46		
Mo	10.	4:22	20:28	20:45	2:44		
Di	11.	4:23	20:27	21:24	3:59	4:02	Vollmond
Mi	12.	4:24	20:27	21:52	5:26		
Do	13.	4:25	20:26	22:12	6:57		
Fr	14.	4:26	20:25	22:29	8:26		
Sa	15.	4:27	20:24	22:43	9:52	23:45	Pluto (14$^m_.$0) 21′ (0,3°) südlich des Sterns ξ Serpentis (3$^m_.$5), Sternbild Schlange
So	16.	4:28	20:23	22:57	11:17		
Mo	17.	4:30	20:22	23:12	12:40	20:13	Letztes Viertel
Di	18.	4:31	20:21	23:30	14:04		
Mi	19.	4:32	20:20	23:53	15:27		
Do	20.	4:33	20:19	–	16:49		
Fr	21.	4:34	20:18	0:24	18:03		
Sa	22.	4:36	20:17	1:06	19:05		
So	23.	4:37	20:15	2:01	19:52		
Mo	24.	4:38	20:14	3:08	20:26		
Di	25.	4:39	20:13	4:22	20:51	5:31	Neumond
Mi	26.	4:41	20:11	5:36	21:09		
Do	27.	4:42	20:10	6:49	21:23		
Fr	28.	4:43	20:09	7:59	21:35		
Sa	29.	4:45	20:07	9:07	21:46		
So	30.	4:46	20:06	10:15	21:57		
Mo	31.	4:48	20:04	11:23	22:08	21:30	Mond 2,6° westlich von Spica, Sternbild Jungfrau

Stars am Sommerhimmel

Im Sommer gelangen in unseren Breiten die hellsten und schönsten Partien des Milchstraßenbandes über den Horizont. Der Skorpion neigt sich im Südwesten zwar schon wieder hinunter, der Schütze steht jedoch am Südhimmel. Hoch darüber finden wir das große Sommerdreieck heller Sterne, das durch Wega im Sternbild Leier (Lyra), Deneb im Schwan (Cygnus) und Atair im Adler (Aquila) aufgespannt wird.

Hier in der Sommermilchstraße finden wir jene Objekte, die ich Ihnen nun vorstellen möchte: Den leuchtenden Gasnebel M 17 im Sternbild Schütze, den offenen Sternhaufen M 11 im Sternbild Schild und den Doppelstern 70 Ophiuchi im Sternbild Schlangenträger. Im letzten Jahr waren es der Vierfachstern ε Lyrae, der Planetarische Nebel M 57 in der Leier und der Nordamerikanebel im Schwan.

Omeganebel M 17

Wie bei allen Gasnebeln, so erfordert auch die Beobachtung des 6^{m}0 hellen Omeganebels einen dunklen Himmel. Begeben Sie sich dazu am besten einige Kilometer hinaus ins „platte Land" oder in die Berge, wo der Himmel uns noch in den Genuss der Milchstraße kommen lässt. Vielleicht nutzen Sie auch ihren Urlaub für die Beobachtung?

7.1 Aufsuchkarte zum Gasnebel M 17 mit Sternbild Schütze

7.2 (oben)   Der Gasnebel M 17, auch „Omeganebel" genannt (Foto: Bernd Koch).

Mit einem Feldstecher ist M 17 leicht zu finden. Wir gehen dazu vom Sternbild Schütze (lat.: Sagittarius) aus und verlängern die Strecke der gedachten Verbindungslinie zwischen ε (epsilon) und λ (lambda) Sagittarii über λ hinaus und stoßen etwas westlich von diesem gedachten Endpunkt auf den Nebel. Er ist bei dunklem Himmel wirklich unübersehbar.

Bei diesem, auf Farbaufnahmen rot leuchtenden, 20' × 15' großen Nebel handelt es sich um ca. 10.000 Grad heißes interstellares Wasserstoffgas, das seine Energie von extrem heißen Sternen bezieht, die in dem Nebel ein-

7.3   Die Schildwolke ist eine der hellsten Sternwolken im Band der Milchstraße.

Juli 2006   **67**

7.4 Aufsuchkarte zum offenen Sternhaufen M 11. Der entsprechende Ausschnitt ist in Abb. 7.3 markiert. M 11 liegt am südlichen Rand der auffälligen halbelliptischen Sternkette 14 – λ – η – β nahe der Grenze zum Adler.

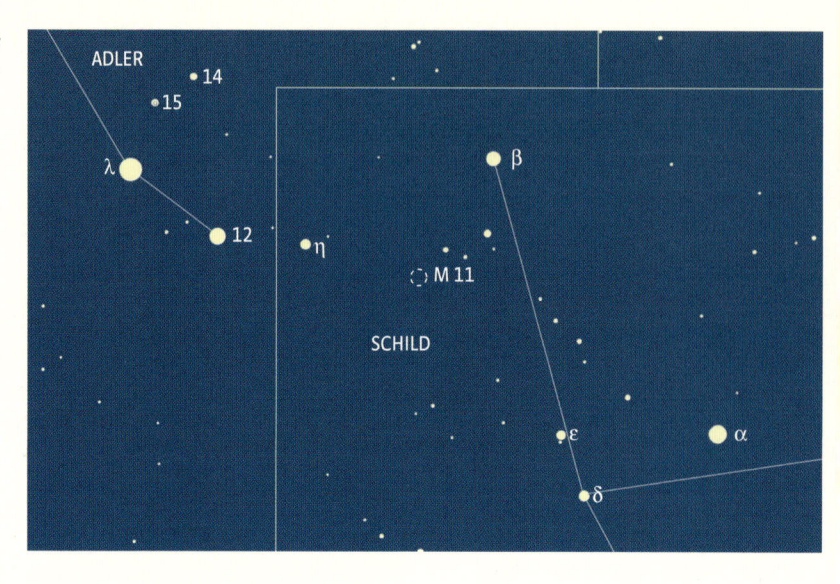

7.5 Der offene Sternhaufen M 11 im Sterngewimmel der Schildwolke (Foto: Rainer Sparenberg).

gebettet sind. Schon im kleinen Teleskop erkennen wir eine helle, hakenförmige Struktur und dunkle Nebelgebiete: Dunkelwolken aus interstellarem Staub. In größeren Instrumenten (ca. 30 cm Öffnung) erscheint ein großer, schwach leuchtender Gasbogen um den Kernnebel herum (Abb. 7.2). Es gilt die Regel: Je größer das Teleskop, desto schwächere Nebelpartien werden erkennbar. Ein beeindruckendes Objekt, etwa 6800 Lichtjahre von uns entfernt.

Wildenten-Sternhaufen M 11

Das Sternbild Schild (lat.: Scutum) zählt zu den kleineren Sternbildern am Himmel. Es beherbergt jedoch eine recht helle, dreieckige Sternwolke der Milchstraße. Der Umriss dieser Sternwolke erinnert an einen klassischen Schild (Abb. 7.3).
Der 6200 Lichtjahre entfernte offene Sternhaufen M 11 hat eine Gesamthelligkeit von 5♏8 und ist damit gerade mit bloßem Auge erkennbar. Der 14′ große Haufen befindet sich an der

nordöstlichen Ecke des „Schildes" (Abb. 7.4) und ist so kompakt und sternenreich, dass er in kleinen Teleskopen mit einem Kugelsternhaufen verwechselt werden könnte (Abb. 7.5). In größeren Instrumenten erweckt eine V-förmig ostwärts gerichtete Anordnung hellerer Haufensterne den Eindruck eines in Formation fliegenden Wildentenschwarmes.

Doppelstern 70 Ophiuchi

Den nur ca. 17 Lichtjahre entfernten Doppelstern 70 Ophiuchi finden wir im Sternbild Schlangenträger (lat.: Ophiuchus) als Mitglied einer prismenförmigen Anordnung von Sternen der 3. bis 4. Größenklasse. Diese Sternenfigur ist gut zu finden, etwa 14° nordwestlich von M 11, und etwa 13° südöstlich des $2^m\!.1$ hellen Sterns α (alpha) Ophiuchi (Abb. 7.6). Doppelsterne stellen wir mit kleinstmöglicher Vergrößerung unseres Teleskops ein und vergrößern dann Schritt für Schritt bis zur „förderlichen" Vergrößerung. Das ist der Teleskopdurchmesser in Millimetern, multipliziert mit zwei. Demnach macht es kaum Sinn, mit einem 100-mm-Refraktor mehr als 200× zu vergrößern, denn wir vergrößern dann nur noch das „Wabern" der Luft. Aber eine 200-fache Vergrößerung ist schon eine ganze Menge …
Die Hauptkomponente von 70 Oph ist von rötlicher Farbe und $4^m\!.2$ hell. Die schwächere Komponente in einem Abstand von 3,8″ ist $6^m\!.0$ hell und besitzt eine weißlich-gelbe Farbe (Abb. 7.7). Je größer die Teleskopöffnung, umso besser kann man die Farbe im Okular erkennen. Mit einem 60 mm durchmessenden Teleskop lassen sich Doppelsterne von ca. 2″ trennen. Die 3,8″ sollten hier demnach kein Problem darstellen. Allerdings wird auch der Einsteiger gerade bei diesem Objekt gut feststellen können, dass besonders bei starker Luftunruhe die Trennung schwerer fällt.

7.6 Aufsuchkarte zum Doppelstern 70 Ophiuchi im Sternbild Schlangenträger (vgl. auch die Monatssternkarte).

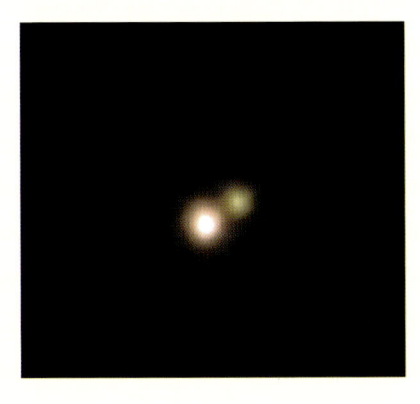

7.7 Aufnahme des Doppelsterns 70 Ophiuchi im Sternbild Schlangenträger mit einem 7-Zoll-Teleskop, das Schwarzweißbild wurde entsprechend der sichtbaren Farben eingefärbt (Foto: Hans-Günter Diederich).

Die Lichtkurve des Veränderlichen Sterns Beta Lyrae

Jetzt im Sommer steht das Sternbild Leier hoch am Himmel. Selbst bis in den Spätherbst hinein ist es wegen seiner nördlichen Lage noch gut zu sehen. Viele Beobachter wissen jedoch gar nicht, was sich in diesem kleinen Sternbild so alles an interessanten Objekten verbirgt. Bekannt sind meist nur der „Ringnebel" (M 57) und der Doppelstern ε Lyr (Epsilon Lyrae).

Es gibt einen Veränderlichen Stern in diesem Sternbild: β Lyr (Beta Lyrae), der so hell ist, dass sich sein Lichtwechsel mit bloßem Auge, ohne jegliche optischen Hilfsmittel verfolgen lässt. Das Thema unseres Projektes ist es, von diesem Stern einmal eine Lichtkurve zu protokollieren.

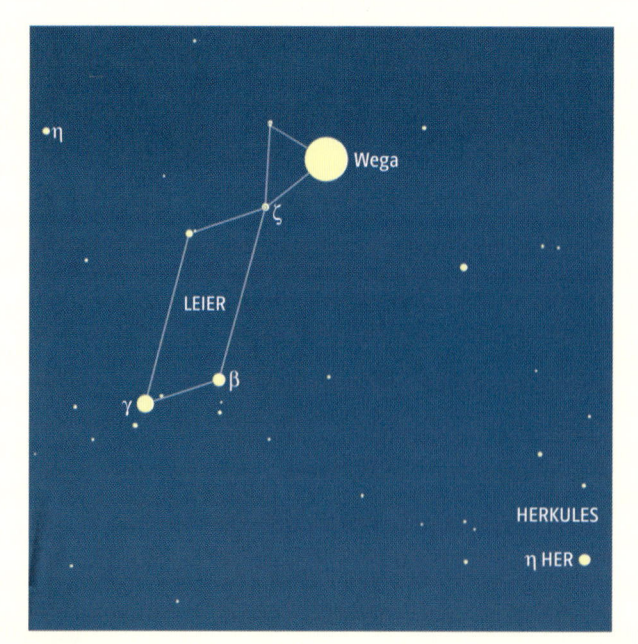

7.8 Aufsuchkarte zum Veränderlichen Stern β Lyrae mit Vergleichssternen.

So finden wir Beta Lyrae

Sheliak, der Eigenname dieses Veränderlichen, sitzt im Parallelogramm, das den Klangkörper der Lyra bildet, an der südwestlichen Ecke (d. h. „unten rechts", Abb. 7.8). Er hat eine mittlere Helligkeit von $3^m\!.62$ und ist von bläulicher Farbe. Im SAO-Katalog trägt der etwa 880 Lichtjahre entfernte Stern die Nummer 67451. Schaut man sich β Lyrae im Teleskop einmal an, so ist in ca. 45″ Abstand nach Südosten ein zweiter, $6^m\!.7$ heller Stern zu sehen. Was hier wie ein Doppelsternsystem aussieht, ist aber wahrscheinlich keins; der schwächere Stern ist wohl nur ein Vordergrundstern, seine Entfernung ist allerdings unsicher. Ein bis anderthalb Bogenminuten nordwestlich und nördlich von β Lyrae gibt es noch zwei weitere Sterne. Beide sind jedoch schwächer als 10^m.

Der Lichtwechsel von Beta Lyrae

Beta Lyrae ist also nicht zu übersehen. Schaut man genau hin, so wird man über einige Tage hinweg einen langsamen Lichtwechsel erkennen. Vergleichen Sie einmal die Helligkeit von

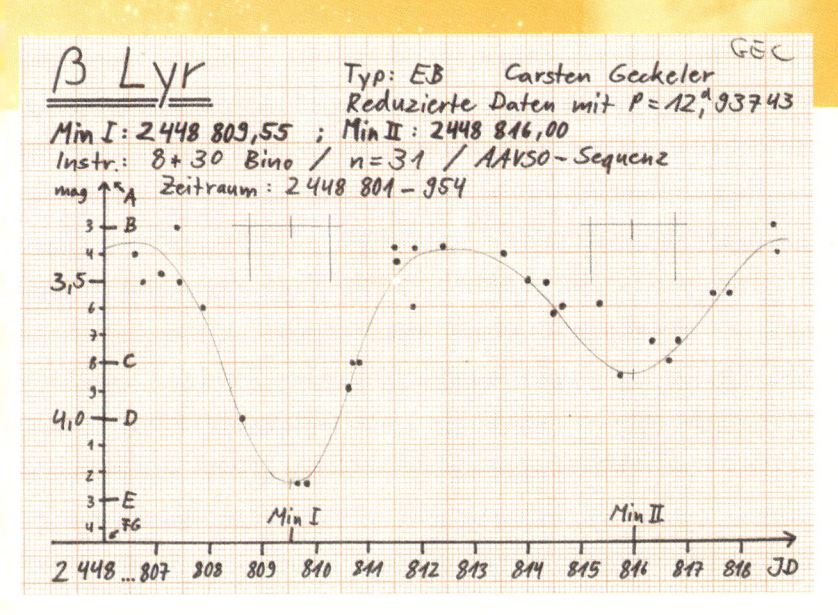

7.9 Beobachtungen und Lichtkurve von β Lyrae (Grafik: Carsten Geckeler)

β Lyr mit dem östlich daneben stehenden, 3 ^{m}22 hellen Stern γ (gamma) Lyr. Sie werden feststellen, dass β Lyr manchmal ungefähr genauso hell ist wie γ Lyr, manchmal aber auch deutlich schwächer erscheint. So vollzieht β Lyr einen langsamen, periodischen Lichtwechsel zwischen der Obergrenze 3 ^{m}37 und der Untergrenze 4 ^{m}32. Die Periode ist aktuell etwa 12,9411 Tage lang, also 12 Tage, 22 Stunden, 35 Minuten und 15 Sekunden. Abbildung 7.9 zeigt ein Beispiel für eine von einem Amateur beobachtete Lichtkurve von β Lyrae. Auf der senkrechten Achse des Diagramms ist die scheinbare Helligkeit des Sterns angegeben. Richtigerweise mit den kleinen mag-Werten oben, denn diese bedeuten ja eine größere Helligkeit. Waagerecht angegeben ist das Datum, und zwar das Julianische Datum (Abk.: JD), das am 24. November des Jahres –4713 um 12 Uhr UT begonnen wird zu zählen. Von diesem Zeitpunkt an werden einfach alle Tage fortlaufend gezählt. Dies hat den Vorteil, dass man sich um irgendwelche Änderungen in Kalendern nicht kümmern muss. Tagesstunden werden als Bruchteile von Tagen angegeben. 12 Stunden sind 0,5 Tage, 18 Stunden 0,75 Tage, die zur Tagesnummer addiert werden. Das Datum wird nicht in Mitteleuropäischer Zeit (MEZ) angegeben, sondern in Weltzeit (Universal Time = UT = MEZ – 1^h). Rechnen Sie einmal nach: Der Zeitpunkt 15. Juli 2006 um 7:00 Uhr MEZ hat demnach das Julianische Datum 2.453.931,75.

Wir erkennen im Diagramm kein gleichmäßiges Zu- und Abnehmen der Helligkeit, sondern eine „Doppelwelle". Es gibt zwei Minima, ein Haupt- und ein Nebenminimum, Min I bei 4 ^{m}3 mag und Min II bei 3 ^{m}8. Wir sehen auch, dass die beobachteten Werte für die aktuelle Helligkeit nicht alle exakt auf der vom Beobachter eingezeichneten glatten Ausgleichskurve liegen, sondern mehr oder weniger weit davon entfernt sind. Diese „Streuung"

Juli 2006

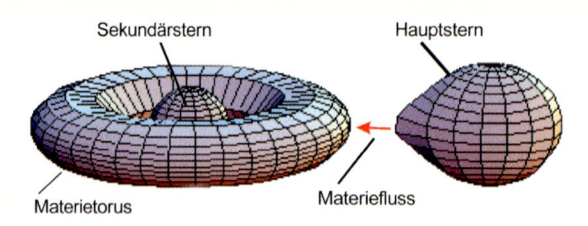

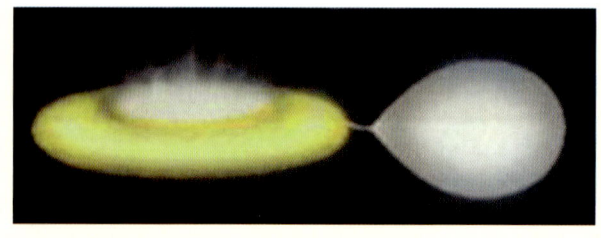

7.10 Modell von Beta Lyrae

(Sekundärstern, Hauptstern, Materietorus, Materiefluss)

der Werte ist natürlich, da sich keine Messung oder gar Schätzung fehlerfrei bewerkstelligen lässt. Selbst hier bei diesem erfahrenen Beobachter können Abweichungen von 2/10 Größenklassen vorkommen. Dennoch ist der Lichtwechsel deutlich zu verfolgen. Wir werden gleich sehen, wie man eine solche Lichtkurve „beobachten" kann.

Was es mit Beta Lyrae auf sich hat

Als John Goodricke im Jahr 1784 den Stern als Veränderlichen einstufte, betrug die Periode des Lichtwechsels 12,89 Tage. Sie hat sich bis heute deutlich verlängert auf etwa 12,94 Tage. Das entspricht einer Verlängerungsrate von ca. 19 Sekunden pro Jahr. Woran liegt das und was ist eigentlich die Natur dieses Veränderlichen Sterns?
Beta Lyrae besitzt überhaupt keine Ähnlichkeit mit dem in der Kosmos HimmelsPraxis 2005 vorgestellten Veränderlichen Delta Cephei. Während Delta Cephei ein einzelner Stern ist, der seine Helligkeit von sich aus verändert, handelt es sich bei Beta Lyrae um ein Doppelsternsystem, ähnlich dem bekannten Stern Algol im Sternbild Perseus. Wir schauen von der Erde aus zufällig genau auf die Kante der Umlaufbahn der Sterne umeinander. Somit kommt es regelmäßig zu gegenseitigen Bedeckungen der Sterne untereinander. Stehen beide Sterne nebeneinander, so ist die volle Helligkeit des Systems zu beobachten. Bedeckt die erste Komponente des Doppelsternsystems die zweite, kommt es zu einem Minimum in der Lichtkurve. Bedeckt die zweite Komponente die erste, so beobachten wir das zweite Minimum in der Lichtkurve. Wenn dies ein Doppelsternsystem ist, warum sehen wir es nicht als solches? Die beiden Sterne haben nur einen Abstand von 35 Mio. Kilometern voneinander. In einer Entfernung von 880 Lichtjahren ist dies viel zu gering, um direkt gesehen werden zu können. Man kann allerdings im Spektrum des zerlegten Sternlichtes die Bewegung der beiden Sterne durch den so genannten „Doppler-Effekt" erkennen, wie man überhaupt sehr viele Parameter von Sternen und Doppelsternen durch Untersuchungen ihrer Spektren ermitteln kann. Dies übersteigt jedoch die Möglichkeiten des einfachen Amateurs. Allerdings hat es sich die „Fachgruppe Spektroskopie" der Vereinigung der Sternfreunde e. V. (VdS) zur Aufgabe gemacht, dem Amateur Techniken zur Aufnahme und Untersuchung von Sternspektren zugänglich

Mess-Tabelle zum Eintragen von Helligkeitsschätzungen β Lyrae

Schritt 1: In Tabelle eintragen: ja / nein / gleich

β Lyr ist heller als			Datum/Uhrzeit (1)	Datum/Uhrzeit (2)	Datum/Uhrzeit (3)	D ...
gamma	γ Lyr	$3^m_{\cdot}2$	nein	nein	nein	nein
omicron	o Lyr	$3^m_{\cdot}8$	___	___	___	___
zeta	ζ Lyr	$4^m_{\cdot}3$	___	___	___	___
eta	η Lyr	$4^m_{\cdot}4$	___	___	___	___

Schritt 4: geschätzte Helligkeit eintragen:
___   ___   ___   ___

Schritt 2:
einfachste Schätzung aus Tabelle entnehmen

Schritt 3:
Ergebnis hier ablesen

β Lyr kann nicht heller als γ Lyr werden
β Lyr ist schwächer als γ Lyr, aber heller als o Her   → β Lyr ist ungefähr $3^m_{\cdot}5$ hell
β Lyr ist genauso hell wie o Her   → β Lyr ist ungefähr $3^m_{\cdot}8$ hell
β Lyr ist schwächer als o Her, aber heller als ζ Lyr   → β Lyr ist ungefähr $4^m_{\cdot}0$ hell
β Lyr ist genauso hell wie ζ Lyr   → β Lyr ist ungefähr $4^m_{\cdot}3$ hell
β Lyr ist schwächer als ζ Lyr, aber heller als η Lyr   → β Lyr ist ungefähr $4^m_{\cdot}35$ hell
β Lyr ist genauso hell wie η Lyr   → β Lyr ist ungefähr $4^m_{\cdot}4$ hell
β Lyr kann nicht schwächer als η Lyr werden

zu machen (*www.vds-astro.de/fg-spektroskopie*).
Die beiden Sterne haben Radien von 19 und 15 Sonnenradien, also etwa 13,3 und 10,5 Mio. Kilometern. Rein rechnerisch kommen sich die Oberflächen der beiden Sterne demnach bis auf 11 Mio. Kilometern nahe – es handelt sich hier um ein so genanntes Kontaktsystem, denn zwei Sterne können sich nicht einfach so stark annähern, ohne dass seltsame Effekte passieren. In Abbildung 7.10 ist ein maßstabsgetreues Modell des Systems dargestellt. Beide Sterne sind durch die gegenseitigen Anziehungskräfte stark verformt. Der hellere Hauptstern verliert an den lichtschwächeren, aber massereicheren Begleitstern Masse, die einen Ring bzw. eine dicke Scheibe mit Loch in der Mitte um den Begleitstern erzeugt und von dort langsam auf den Begleitstern „herabregnet".

Man hat berechnet, dass so in jedem Jahr etwa 4,5 Erdmassen von dem einen auf den anderen Stern übertragen werden. Verändern sich aber die Massenverhältnisse in einem Doppelsternsystem, so müssen sich auch die Bahnen verändern, und damit die Umlaufzeiten und die Lichtkurve. Das ist der Grund, weshalb sich die Periode der Lichtkurve langsam verlängert.

Die Beobachtung

Wir beobachten den Lichtwechsel eines Veränderlichen systematisch durch Vergleich mit anderen Sternen, die nicht veränderlich sind. Dazu bieten sich in der Sternfeld-Umgebung des Veränderlichen etwa gleich helle Sterne an (Abb. 7.1). Im Falle von β Lyr mit einem Lichtwechsel zwischen 3,37 und 4,32 Größenklassen können die in der Tabelle oben aufgeführten

Möglichkeiten, eine Lichtwechselperiode komplett mit Hauptminimum zu beobachten

Datum von ... bis	Datum Hauptminimum
18. – 31.08.	25.08., ca. 02:30
14. – 30.09.	20.09., ca. 00:00
12. – 28.10.	15.10., ca. 21:00
	28.10., ca. 19:30

Sterne als Vergleichssterne dienen. Diese Tabelle verwenden wir, um Helligkeitsschätzung zu protokollieren.

Beobachtung und Protokoll

Wir führen unsere erste Beobachtung (1) zu einem bestimmten Datum und einer bestimmten Uhrzeit durch und tragen im ersten Schritt die folgende Beobachtung in die entsprechende Spalte (hier also unter Datum/Uhrzeit(1) = Datum und Uhrzeit unserer ersten Beobachtung angeben!) ein. Wir fragen uns: „Ist β Lyr heller als γ Lyr?" – Die Antwort „nein" ist bereits eingetragen, denn β Lyr kann nicht heller als γ Lyr werden. Nächste Frage in der nächsten Zeile der Tabelle: „Ist β Lyr heller als o Her?" – Jetzt kommt es darauf an: Wie beurteilen wir die Helligkeiten der beiden Sterne? Sind beide Sterne gleich hell, tragen wir ein: „gleich". Alle weiteren Fragen in den nächsten Zeilen, ob β Lyr heller als die anderen, schwächeren Sterne ist, sind so mit „nein" zu beantworten. Im Schritt 2 entnehmen wir den eingetragenen Angaben, zwischen welchen Sternen die beobachtete Helligkeit von β Lyr liegt, gehen nach rechts und lesen im Schritt 3 ab, welchen Helligkeitswert wir β Lyr ungefähr zuordnen können. Falls, wie im gerade genannten Beispiel, β Lyr gleich hell wie o Her erscheint, ist „β Lyr ungefähr 3^m8 hell". Im 4. Schritt tragen wir den Wert 3^m8 in die letzte Zeile der Tabelle ein.

Bei einer weiteren Beobachtung führen wir die Schritte 1 bis 4 erneut für die nächste Tabellenspalte aus. Es ist vorteilhaft, in einer Nacht mehrere Beobachtungen durchzuführen, um so möglichst viele Messpunkte für die Auswertung zu erhalten. Da die Periode des Lichtwechsels aber über fast 13 Tage geht, sollten wir in jeder Nacht mindestens eine Beobachtung durchführen, um eine möglichst lückenlose Lichtkurve zu erhalten.

Für die Erstellung der Lichtkurve ist ein Computer nicht notwendig, Sie können sie auch auf Millimeterpapier wie in Abb. 7.2, die als Muster dienen kann, eintragen. Die senkrechte Achse mit der Helligkeitsskala sollte mindestens von 3^m2 bis 4^m4 reichen. Die waagerechte Achse mit dem Datum können Sie auf zweierlei Arten darstellen: Entweder das fortlaufende Datum eintragen, z. B. in der Form „7.10.06", oder aber das Julianische Datum, in das Sie das Kalenderdatum erst umrechnen müssen. Zu Ihrer Kontrolle: Das Julianische Datum des 1.7.2006 um 1 Uhr MEZ beträgt 2.453.917,50. Das des 1.8.2006 um 1 Uhr MEZ 2.453.948,50. Tragen Sie alle Ihre Beobachtungen ein: Setzen Sie den beobachteten Helligkeitswert aus jeder Spalte der Tabelle an die richtige Stelle im Diagramm. Achtung: Sie sollten die Tagesbruchteile berücksichtigen! Eine Beobachtung, die Sie z. B. am 21.7. um 21 Uhr durchgeführt haben, dürfen Sie nicht direkt senkrecht über den 21.7. auf der Datumskala setzen, sondern zwischen den 21.7. und den 22.7. Wenn Sie ALLE Ihre Beobachtungen eingetragen haben (erst dann, nicht schon vorher), können Sie eine Ausgleichskurve durch Ihre Messpunkte ziehen (s. Muster in Abb. 7.2).

Da wir ungenau geschätzt haben, müssen die Messpunkte nicht alle exakt auf der Verbindungslinie sitzen, sondern können nach oben und unten davon abweichen. Trotzdem: Wir erkennen die regelmäßigen Helligkeitsänderungen sehr gut. Ein tolles Ergebnis! Sie können Ihre selbst gemessene Lichtkurve noch auswerten, indem Sie die Periode schätzen: den zeitlichen Abstand zweier Hauptminima der Helligkeit, abgelesen auf der waagerechten Datumsachse. Dann sollte der Beobachtungszeitraum aber über mehr als 13 Tage gehen, eher über 26 Tage.

Beobachtungsmöglichkeiten

Für die Durchführung von Helligkeitsschätzungen an einem dunklen Nachthimmel sollten nach Möglichkeit drei Bedingungen erfüllt sein:
- keine Dämmerung (Sonne tiefer als 18° unter dem Horizont)
- Beta Lyrae steht höher als 30° über dem Horizont.
- kein Mondlicht (die schmale Mondsichel muss aber nicht unbedingt stören)

Im 2. Halbjahr dieses Jahres werden diese Bedingungen zu den in der Tabelle auf S. 74 aufgeführten Zeiten erfüllt, dann gibt es also ideale Bedingungen für die Veränderlichenbeobachtung. Der Lichtwechsel kann natürlich zu jeder Zeit verfolgt werden. Um jedoch eine komplette Lichtwechselperiode mit dem Hauptminimum störlichtfrei verfolgen zu können, bieten sich die in der Tabelle genannten Zeiträume an.

Jetzt fehlt nur noch gutes Wetter. Viel Erfolg bei Ihrer Beobachtung des Lichtwechsels von Beta Lyrae!

Ich danke Dietmar Bannuscher für wertvolle Hinweise zum Thema. Weitere Informationen zur Beobachtung veränderlicher Sterne erhalten Sie von der BAV e.V. / Fachgruppe Veränderliche der VdS, c/o Werner Braune, Munsterdamm 90, D-12169 Berlin, Homepage:
www.vds-astro.de/fg-veraenderliche.

Beobachtungsmöglichkeiten für β Lyrae, Zeitangaben in MEZ

Datum	Beobachtung Beginn	Ende	Dauer	Mond stört
20.07.2006	23:30	01:30	2:00	
01.08.2006	23:00	02:00	3:00	bis 17.8.
10.08.2006	22:30	02:30	4:00	
20.08.2006	22:00	02:30	4:30	
01.09.2006	21:30	02:00	4:30	bis 13.9.
10.09.2006	21:00	01:00	4:00	
20.09.2006	20:30	00:30	4:00	
01.10.2006	20:00	00:00	4:00	bis 11.10.
10.10.2006	19:30	23:00	3:30	
20.10.2006	19:30	22:30	3:00	ab 29.10.
01.11.2006	19:00	22:00	3:00	bis 8.11.
10.11.2006	18:30	21:00	2:30	
20.11.2006	18:30	20:30	2:00	ab 25.11.
01.12.2006	18:30	20:00	1:30	bis 7.12.
10.12.2006	18:30	19:00	0:30	

Sonne, Mond und Planeten

Der Sternenhimmel um 22 Uhr MEZ

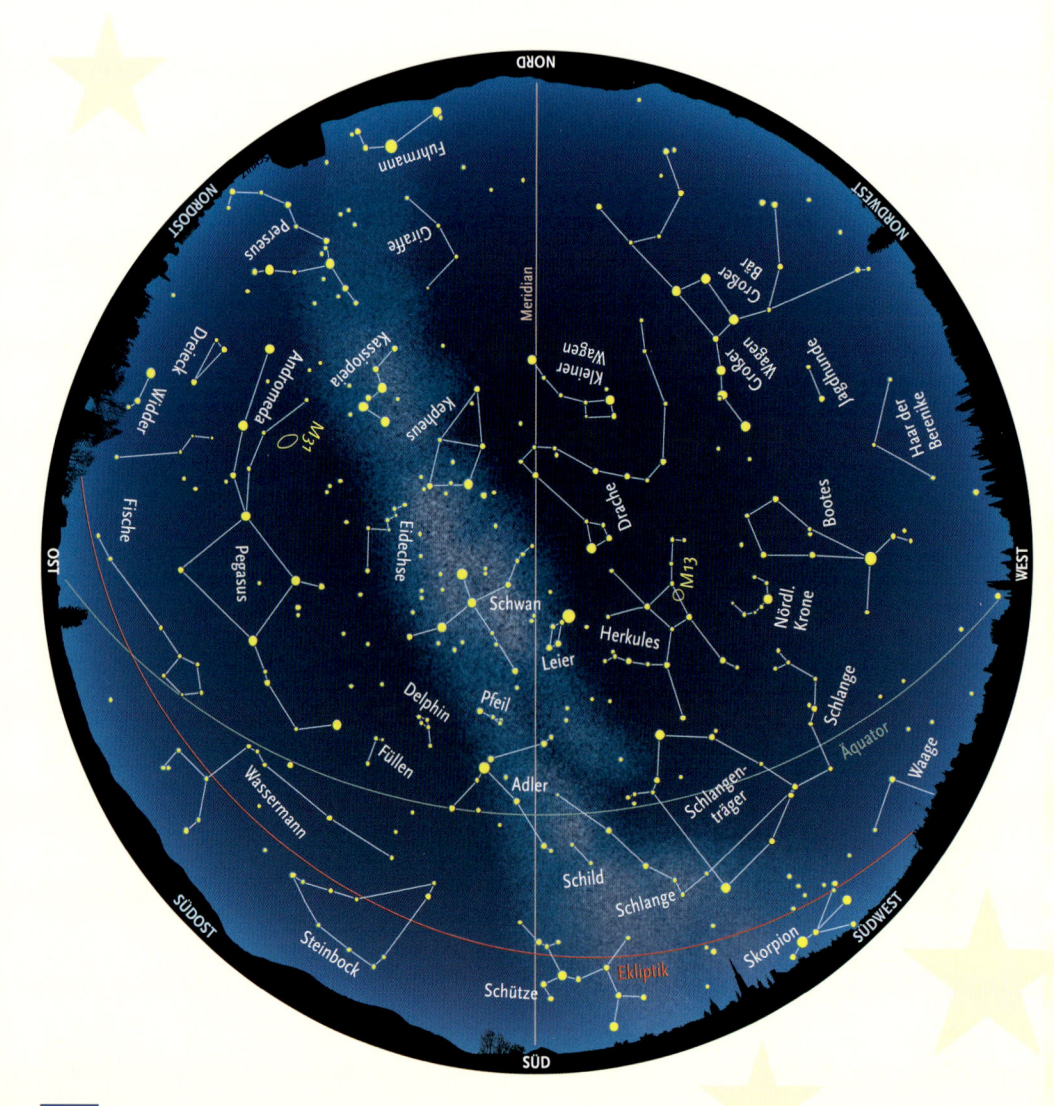

im *August* 2006

Mit Glück könnte Merkur wieder einmal sichtbar werden, um den 7. am Morgenhimmel im Nordosten. Am 10. dient Venus als Wegweiser, die gegen 3 Uhr aufgeht. Mars und Saturn bleiben wegen ihres geringen Winkelabstandes zur Sonne unbeobachtbar. Jupiter im Sternbild Waage geht bereits kurz nach Dämmerungsende gegen 22 Uhr unter. Neptun steht im Sternbild Steinbock am 11. in Opposition zur Sonne. In den Tagen um den 4. herum zieht er dicht am 4,3 hellen Stern Iota Cap vorüber.

Datum		Sonne Aufg. h m	Unterg. h m	Mond Aufg. h m	Unterg. h m	h m	Aktuelles Ereignis
Di	1.	4:49	20:03	12:34	22:22		
Mi	2.	4:50	20:01	13:47	22:39	9:46	Erstes Viertel
Do	3.	4:52	20:00	15:03	23:02		
Fr	4.	4:53	19:58	16:20	23:36	21:00	Neptun (7♑8) 1,1° nördl. des Sterns Iota Capricorni (4,3)
						21:22	bis 22:13, Mond bedeckt Stern Tau Scorpii (2♏8), Bedeckungsanfang am dunklen Mondrand
Sa	5.	4:55	19:56	17:32	–		
So	6.	4:56	19:55	18:33	0:24		
Mo	7.	4:58	19:53	19:18	1:31 ca.	3:40	Merkur (0♍1) in größter westlicher Elongation (19°), in der Morgendämmerung, Nordost, Höhe 2°, schwierig
Di	8.	4:59	19:51	19:51	2:54		
Mi	9.	5:00	19:50	20:15	4:25	11:54	Vollmond
Do	10.	5:02	19:48	20:33	5:57	3:30	Merkur (–0♍3) 2,2° südöstl. Venus (–3,9), NO-Horizont
Fr	11.	5:03	19:46	20:49	7:28		Neptun (7♑8/2,4″) in Opposition zur Sonne
Sa	12.	5:05	19:44	21:03	8:56 ca.	24 Uhr	Maximum Perseiden-Meteorschauer, ca. 100 Meteore/Std., Gesamt-Sichtbarkeit 1.–17.
So	13.	5:06	19:42	21:18	10:23		
Mo	14.	5:08	19:41	21:35	11:49		
Di	15.	5:09	19:39	21:57	13:14		
Mi	16.	5:11	19:37	22:25	14:38	2:51	Letztes Viertel
Do	17.	5:12	19:35	23:03	15:56		
Fr	18.	5:14	19:33	23:55	17:02		
Sa	19.	5:15	19:31	–	17:53		
So	20.	5:17	19:29	0:58	18:30		
Mo	21.	5:18	19:27	2:09	18:56		
Di	22.	5:20	19:25	3:23	19:16	4:00	Mond 2,3° nördl. Venus (–3,9), NO-Horizont, Dämmer.!
Mi	23.	5:21	19:23	4:37	19:31	20:10	Neumond
Do	24.	5:23	19:21	5:48	19:43		
Fr	25.	5:24	19:19	6:57	19:54		
Sa	26.	5:26	19:17	8:04	20:05	4:10	enge Begegnung von Venus (–3,9) und Saturn (0♍4), Abstand 10,7′, 2° Höhe, Nordost, Morgendämmerung
So	27.	5:27	19:15	9:12	20:16		
Mo	28.	5:29	19:13	10:21	20:28		
Di	29.	5:30	19:11	11:33	20:44		
Mi	30.	5:32	19:09	12:47	21:04		
Do	31.	5:33	19:07	14:02	21:32	23:57	Erstes Viertel

Einen Sternschnuppenregen live beobachten

Jedes Jahr Mitte August findet die Nacht der Sternschnuppen statt, der Höhepunkt des Perseiden-Meteorschauers. In den Nächten um den 13.8. sind dann besonders viele Sternschnuppen zu sehen. Ideale Beobachtungsbedingungen bietet die Zeit nach Mitternacht, wenn sich die Erde „kopfüber" in den kosmischen Staub stürzt.

Was sind „Sternschnuppen"?

Sternschnuppen sind in jeder klaren Nacht zu sehen. Sie werden verursacht durch kleine Steinchen oder Staubkörner, die im Sonnensystem ihre Bahn ziehen (dann werden sie „Meteoroide" genannt). Wenn diese auf die Erde treffen und in der Erdatmosphäre stark abgebremst werden, glühen sie durch die Reibungshitze auf und erhitzen dabei auch die Luft entlang ihrer Flugbahn. Beide leuchten hell auf, wir beobachten die Leuchterscheinung einer Sternschnuppe, das „Meteor". Ist das Steinchen groß genug, so dass es nicht vollständig verdampft, dann kann ein kleiner Rest auf den Boden fallen und vielleicht als „Meteorit" gefunden werden.

Was ist ein Meteorschauer?

Wo kommen die im Sonnensystem herumirrenden Staubkörner aber her? Wichtige Lieferanten sind die Kometen, von denen wir ab und zu einen spektakulären, weil hellen Vertreter am Nachthimmel bewundern können. Kometen sind mehrere Kilometer große Brocken aus gefrorenen Gasen und eingelagerten Staubkörnern, also „schmutzige Schneebälle". Kommen sie auf ihrer elliptischen Bahn der Sonne nahe, so werden sie erwärmt, das Eis verdampft und reißt den eingelagerten Staub mit sich. Die Koma, die mehrere hunderttausend Kilometer durchmessende Atmosphäre aus Gas und Staub, bildet sich um den Kometenbrocken. Das Sonnenlicht trifft auf die Staubteilchen und drängt diese durch den so genannten „Lichtdruck" aus der Koma heraus. Einmal von der Koma getrennt, verfolgt jedes einzelne Staubteilchen seine eigene Bahn um die Sonne, es ist zu einem „Meteoroid" geworden. Solange der Staub sich noch in Kometennähe befindet, bildet er den Staubschweif des Kometen. Über Jahre hinweg verteilt sich so der Staub entlang der Kometenbahn.

Nun gibt es natürlich überall im Sonnensystem Meteoroide, so dass wir in jeder Nacht sporadische Meteore beobachten können. Schneiden sich aber die Erdbahn und eine alte, mit Staub angereicherte Kometenbahn, dann fliegt die Erde praktisch durch einen Strom von Meteoroiden hindurch. Der von der Erde aus zu beobachtende perspektivische Effekt erinnert an einen Schneeschauer, durch den wir mit dem Auto hindurchfahren: Alle Schneeflocken scheinen von einem Punkt schräg über und vor uns zu kommen. So scheinen dann auch alle zu einem Strom gehörenden Meteore von einem Punkt am Himmel zu kommen, dem Radianten.

Die Perseïden

Vom 1. bis zum 17. August dieses Jahres durchläuft die Erde den bekanntesten und langfristig einen der reichsten Meteorströme: Wir beobachten den Perseïden-Meteorschauer. Spender der Staubteilchen ist der periodisch wiederkehrende Komet P/Swift-Tuttle (zuletzt 1992) mit einer Periode von 135 Jahren, einem sonnennächsten Bahnpunkt von 143 Mio. km und einem sonnenfernsten Bahnpunkt von 7,7 Mrd. Kilometern. Die Häufigkeit der zu beobachtenden Meteore nimmt vom 1. August an merkbar zu, um am 12. August gegen Mitternacht steil ihrem Höhepunkt entgegen zu streben und dann zunächst sehr schnell, dann langsamer bis zum 17. wieder abzunehmen. Weitere interessante Meteorschauer werden in den Monats-Ereignisübersichten genannt. Die Perseïden können eine Häufigkeit von bis zu 100 Meteoren pro Stunde erreichen (wenn der Radiant im Zenit stünde). Der Radiant dieses Schauers liegt bei den Koordinaten $3^h\ 04^m$ Rektaszension und +58° Deklination, also im Sternbild Cassiopeia, dicht an der Grenze zum Sternbild Perseus. Der Radiant ist zirkumpolar, d. h. er geht in unseren Breiten nie unter. Das ist recht praktisch, denn um einen Meteorschauer überhaupt beobachten zu können, sollte der Radiant über dem Horizont stehen. Die Meteore sind etwa 60 km/s schnell und zählen damit zu den schnellsten am Himmel. Mitte August gegen Mitternacht (1 Uhr MESZ) steht der Radiant im Nordosten ca. 40 Grad hoch. Dazu ist es von 23:00 MESZ bis 3:45 MESZ astronomisch dunkel, die Sonne steht tiefer als 18° unter dem Horizont. Gute Bedingungen für eine Beobachtung des Schauers. Leider geht am 12. August der Mond bereits um 22 Uhr MESZ auf, und er steht in der Phase 3,5 Tage nach Vollmond, scheint also noch recht hell. Trotzdem wird sich ein Beobachtungsversuch lohnen.

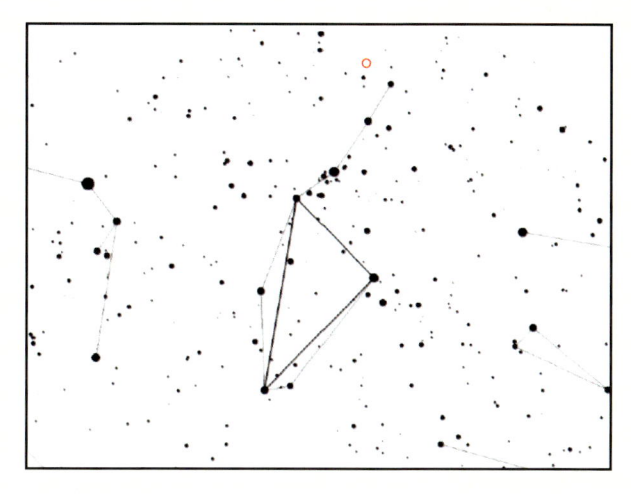

Was ist interessant zu beobachten?

Wenn ein „Stein" vom Himmel fällt, wird die Leuchterscheinung des Meteors verursacht. Diese ist umso heller,

8.1 Sternbild Perseus mit Radiant des Perseiden-Meteorschauers und Sternfeld zur Bestimmung der aktuellen Sterngrenzgröße (aus: Beobachtungsanleitung für Meteorbeobachter, VdS-Fachgruppe Meteore).

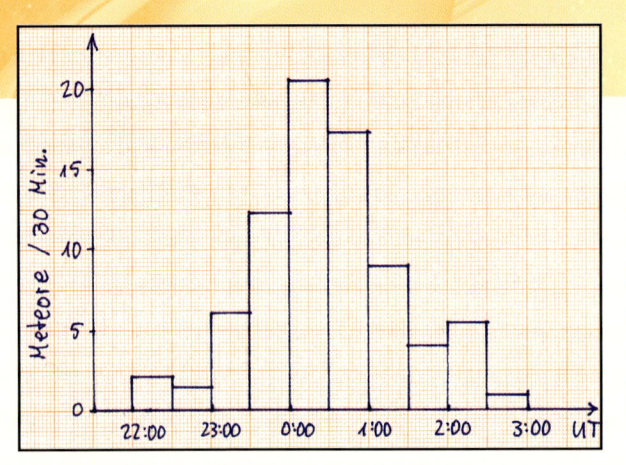

8.2 Erstes Auswertungsdiagramm zur Meteorzählung

je größer der Brocken ist, der in der Erdatmosphäre verglüht. Die meisten Meteore sind naturgemäß recht schwach. Ist das Auge an die Dunkelheit angepasst („adaptiert"), so lassen sich Meteore der 6. Größenklasse noch erkennen. Doch zeigen gerade die Perseïden eine große Zahl von Meteoren, deren Helligkeit die der hellsten Sterne noch übertrifft. Zuweilen sind richtig helle, bunte und funkensprühende „Feuerkugeln", wie man sie ähnlich von Feuerwerken her kennt, zu bewundern. Dann wird die ganze Umgebung in ein gespenstisches Licht getaucht. Auch Beleuchtungseffekte in hoch liegenden Wolkenschichten sind nicht selten. Helle Meteore können nach ihrem Verlöschen für einige Sekunden bis Minuten (!) nachleuchtende Spuren hinterlassen, die sich danach in Höhenwinden verformen können, bis sie verschwunden sind. Dies im Verlauf einer Nacht einmal zu erleben, ist für viele Amateure schon Anreiz genug, sich für eine laue Sommernacht lang nach draußen zu begeben. An einen Ort, der abseits der städtischen Lichterfülle liegt und uns einen möglichst uneingeschränkten Genuss des Sternenhimmels bietet.

Am meisten Spaß macht die Meteorbeobachtung in einer Gruppe zusammen mit anderen Sternfreunden.

Wie beobachtet man einen Meteorschauer?

Es werden nur wenige Gerätschaften benötigt, wobei einige lediglich der Bequemlichkeit dienen:
- Liegestuhl, Luftmatratze oder Isomatte
- Schlafsack oder Decken, warme Kleidung
- Taschenlampe mit Rotlicht (rotes Licht blendet nicht)
- Schreibunterlage, Papier, Bleistift und Radiergummi, Anspitzer
- eine Uhr, die Weltzeit anzeigt (Weltzeit = UT = MEZ – 1 Std. = MESZ – 2 Std.)

Beobachten mehrere Personen gleichzeitig, erfolgt die Beobachtung dennoch unabhängig voneinander: Jeder protokolliert seine eigenen Sichtungen. Auch die Himmelsrichtung, in die beobachtet wird, ist unerheblich. Sternschnuppen können an allen Stellen des Himmels auftauchen. Für den Einsteiger ist es vielleicht ein besonderes Erlebnis, in Richtung des Radianten zu beobachten (Sternbilder Perseus/Cassiopeia), um auch zu sehen, dass alle Meteore des Schauers von einem Punkt her zu kommen scheinen. Wenn ein Meteor ganz offensichtlich nicht vom Radianten auszugehen scheint, dann gehört dieses nicht zum Schauer, sondern ist ein „sporadisches" Meteor.

Zu Beginn und Ende der Beobachtung notieren wir die Uhrzeit. Wir sollten uns schnell angewöhnen, die Weltzeit zu benutzen, in der alle astronomischen Zeitangaben gemacht werden Gleiches gilt für Beobachtungspausen. Am besten notieren wir jedes beobachtete Meteor mit seiner geschätzten Helligkeit (das ist für Einsteiger nicht so einfach) und der Unterscheidung, ob es ein Perseid oder ein sporadisches Meteor war. Z. B. „PER 3" für ein 3^m helles Perseid und „S 4" für ein 4^m helles sporadisches Meteor. Die Helligkeit ermitteln wir aus dem Vergleich mit benachbarten Sternen, die wir aus der Erfahrung häufiger Beobachtungen kennen gelernt haben. Einfach mal versuchen! Sollten es so viele Meteore werden, dass wir mit dem Schreiben nicht mehr mitkommen, führen wir nur noch eine Strichliste. Ausgezählt wird später. Alle 10 Minuten notieren wir die Uhrzeit unter unsere Beobachtungen. Darunter werden dann weitere Beobachtungen eingetragen. Das Beobachtungsprotokoll könnte dann wie ein „Kassenzettel" aussehen, auf dem jeder Eintrag unter dem vorhergehenden vermerkt ist.

Sterngrenzgröße

Es ist klar: Ist der Himmel dunkel, werden wir mehr Meteore sehen können als bei aufgehelltem Himmel. Jetzt bei den Perseïden haben wir mit Mondlicht zu kämpfen, werden also eher die helleren, spektakuläreren Meteore beobachten können, dafür nicht so viele. Es ist also von Interesse anzugeben, wie hell der schwächste Stern ist, den wir während unserer Meteorbeobachtungen gerade noch erkennen können. Wir nehmen dazu ein bestimmtes Sternfeld und zählen alle Sterne in diesem Feld, die wir sehen können. Zum Beispiel das Feld in Abbildung 8.1: Hier ist das Sternbild Perseus dargestellt. Die Richtung zum Polarstern ist oben. Versuchen Sie, die helleren Sterne in der Grafik am Himmel zu identifizieren. Der Perseïden-Radiant ist rot markiert. Zwischen den hellen Sternen β Per, δ Per und ζ Per ist ein gedachtes Dreieck aufgespannt. Das ist das Sternfeld, innerhalb dessen wir alle erkennbaren Sterne zählen, die Ecksterne zählen wir mit. In der Tabelle auf S. 82 lesen wir mit Hilfe der Anzahl erfasster Sterne in diesem Feld die tatsächliche Grenzhelligkeit des aktuell beobachteten Himmels ab. Können wir im markierten Sternfeld z. B. sieben Sterne erkennen, so entspricht dies einer Sterngrenzhelligkeit von 5,55 Größenklassen. Diese Randbeobachtung wird mit ihrer Beobachtungszeit ins Protokoll übernommen. Später dann können wir in einer ersten Auswertung die beobachteten Meteore

8.3 Aufnahme des Leoniden-Meteorschauers am 18.11.2001, Komposit aus 5 zwölfminütigen Einzelbelichtungen auf Ektachrome 400 Farbdiafilm bei Blende 2,8.

in Zeitintervallen, z. B. innerhalb 30 Minuten-Zeitspannen, zählen und in eine Tabelle eintragen (Kasten S. 83). Daraus ist dann wiederum leicht ein Diagramm zu erstellen (Abb. 8.2). Aus diesem Beispieldiagramm, das Sie bitte mit eigenen Beobachtungszeiten und Zählungen füllen möchten, lässt sich z. B die Zeit des Maximums ablesen zu ca. 0:15 UT.

Den Radianten feststellen

Die Lage des Radianten auf einer Sternkarte festzustellen ist etwas für Amateure, die nicht gerade ihre allererste Meteorbeobachtungsnacht veranstalten... Dazu werden auf einer Sternkarte (möglichst in gnomonischer Projektion) die beobachteten Meteore mit ihrer Leuchtspur eingezeichnet. Hierbei gilt: Genauigkeit vor Häufigkeit. Verlängert man dann später alle Spuren nach hinten, so treffen diese sich in der Region des Radianten. Hört sich einfach an, erfordert nachts draußen unter rotem Taschenlampenlicht aber doch etwas Erfahrung und Übung. Auf jeden Fall muss der Beobachter sich am Himmel unter den Sternbildern so gut auskennen, dass er eine Meteorspur schnell an die richtige Stelle in der Sternkarte eintragen kann.

Grenzhelligkeit

Anzahl	mag
1	$2^m,11$
2	2,88
3	3,02
4	3,78
5	4,95
6	5,15
7	5,55
8	5,60
9	5,79
10	5,80
11	5,98
12	6,01
13	6,07
14	6,40
15	6,41
16	6,45
17	6,50
18	6,51
19	6,54
20	6,60
21	6,61
22	6,66
23	6,72

8.4 Strichspuraufnahme des Sternbildes Löwe mit Leoniden-Meteorschauer vom 18.11.2001 um 18:43 UT, 9 Minuten belichtet auf Ektachrome 400 Farbdiafilm mit 50-mm-Objektiv bei Blende 1,7.

Fotografie

„Toll! 100 Meteore pro Stunde! Da brauche ich ja nur eine Stunde zu belichten und habe das ganze Bild voller Meteore!" – Leider weit gefehlt. Ja, das ganze Bild wird voller Sterne sein, gleich, ob wir die Kamera mit einer parallaktischen Montierung auf die Sterne nachführen (also punktförmige Sterne erhalten) oder ob wir (mit einem Fotostativ) Strichspuraufnahmen der Sterne machen. Im ersteren Fall bewegen sich die Sterne auf dem Bild gar nicht, im zweiten Falle nur sehr langsam. In beiden Fällen kann der Film (oder die Digitalkamera) auch schwächere Sterne gut erfassen. Anders ist dies bei Meteoren, die sich in Sekundenbruchteilen über eine beträchtliche Strecke am Himmel bewegen. Der Film wird hier an einer bestimmten Stelle der Spur nur ganz

kurz belichtet. So fällt es ihm schwer, das Licht einzufangen.
Auf Fotografien werden wir deshalb stets nur die hellsten Meteore erfassen können, und das sind meist nur wenige in einer Stunde. Die Abbildung 8.3 zeigt eine Komposition aus fünf jeweils 12 Minuten belichteten (auf die Sterne nachgeführten) Aufnahmen des Radianten des Leoniden-Meteorschauers vom 18. November 2001. Das Bild zeigt immerhin 48 Meteore. Im selben Zeitraum gezählt wurden jedoch mehrere hundert (!) Meteore. Die Abbildung 8.4 ist ein Beispiel für eine Aufnahme mit einem Fotostativ, die Sterne werden zu Strichen. Auch hier gehen die abgebildeten Meteore von ihrem Radianten im Sternbild Löwe aus.
Die Aufnahmen dürfen natürlich nicht überbelichtet werden. Die Maximalbelichtungszeit zur Vermeidung von Überbelichtung muss vorher praktisch getestet werden. Falls dies nicht möglich gewesen sein sollte, dann mehrere Belichtungsreihen durchprobieren: zwischen 2 Minuten und 16 Minuten, je nach Himmelshelligkeit.
Als Faustregeln gelten festzuhalten:
- Die Kamera muss nicht nachgeführt werden, es genügt ein Fotostativ.
- Einen hochempfindlichen Film verwenden, auch wenn dieser grobkörnig ist. Bei Digitalkameras eine hohe ISO-Einstellung wählen (z. B. ISO 800).
- Die Blende des Objektivs ganz öffnen.
- Die Maximalbelichtung für die aktuelle Himmelhelligkeit anwenden (austesten).
- Es werden viel weniger Meteore (nur die hellsten) aufgenommen als visuell gesichtet.

Weitere Hilfen und Auswertungen

kann der geneigte Beobachter von der Fachgruppe Meteore der Vereinigung der Sternfreunde e.V. (VdS) erhalten: *www.meteoros.de/meteor/meteore2.htm*. Dabei auch eine ausführliche Beobachtungsanleitung, Sternfelder für die Bestimmung von Sterngrenzgrößen, Formblätter zum Einreichen der eigenen Beobachtungen an die Fachgruppe zur Auswertung aller eingesandten Daten u.v.m.
Ich wünsche Ihnen viel Spaß bei der Beobachtung der Perseïden!

Auswertungstabelle von Meteorzählungen

Zeitraum UT von... bis	Anzahl in 10 Minuten	Zeitraum UT von... bis	Anzahl in 30 Minuten
22:00 – 22:10	1		
22:10 – 22:20	0	22:00 – 22:30	2
22:20 – 22:30	1		
22:30 – 22:40	0		
22:40 – 22:50	1	22:30 – 23:00	1
22:50 – 23:00	0		
...	...	...	...
00:00 – 00:10	5		
00:10 – 00:20	8	00:00 – 00:30	21
00:20 – 00:30	8		
00:30 – 00:40	9		
00:40 – 00:50	5	00:30 – 01:00	17
00:50 – 01:00	3		
...	...	...	...
02:00 – 02:10	2		
02:10 – 02:20	1	02:00 – 02:30	6
02:20 – 02:30	3		
02:30 – 02:40	0		
02:40 – 02:50	1	02:30 – 03:00	1
02:50 – 03:00	0		

Sonne, Mond und Planeten

Der Sternenhimmel um 22 Uhr MEZ

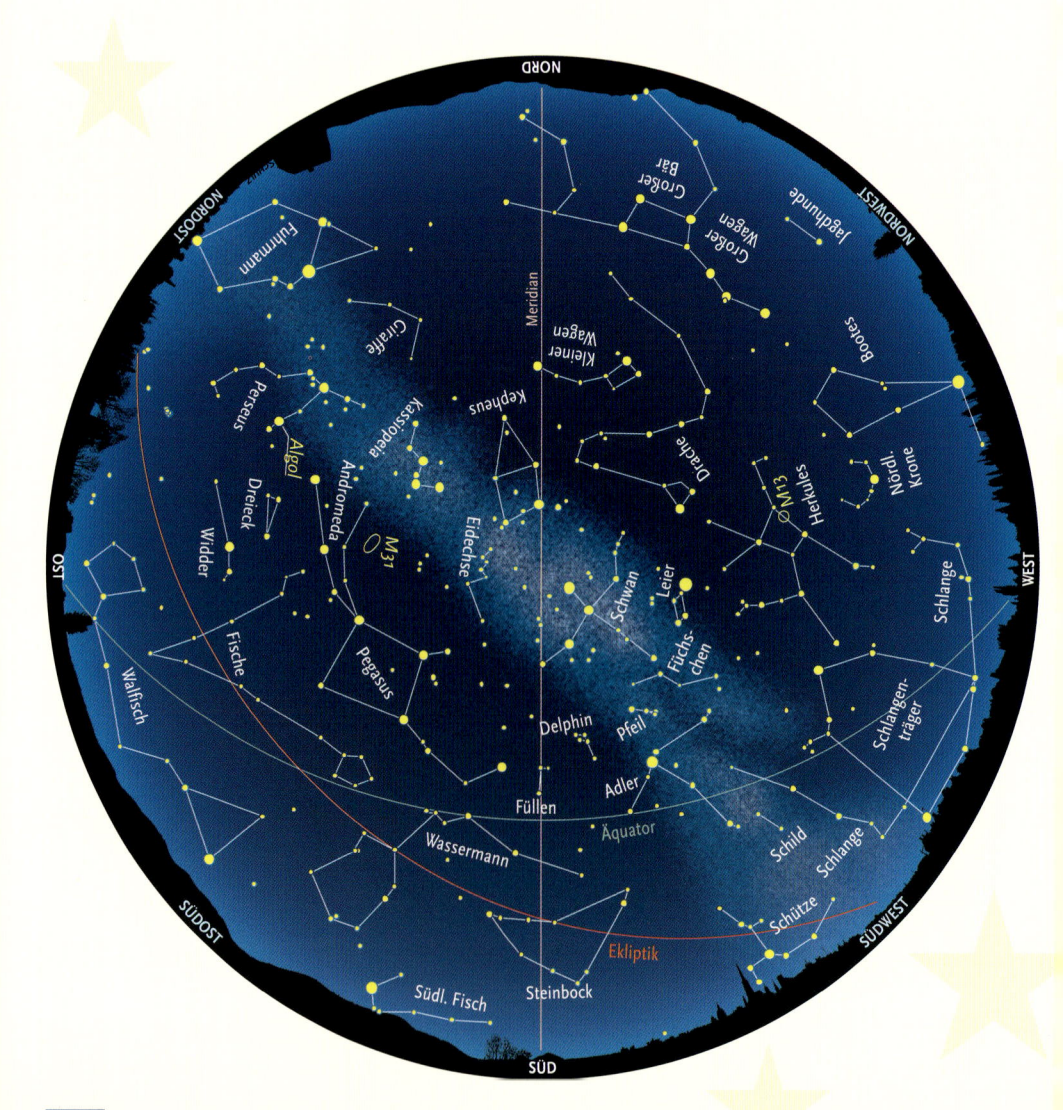

September 2006

im September 2006

Merkur und Mars sind unbeobachtbar. Venus geht gegen 4:45 in der hellen Morgendämmerung auf. Jupiter steht dicht bei α Lib im Sternbild Waage und geht bei Dämmerungsende gegen 20:30 unter; er verabschiedet sich. Saturn wird wieder interessant: Am 15. gegen 4 Uhr (Beginn der Morgendämmerung) steht er bereits 10° hoch im Osten. Uranus gelangt am 5. in Opposition zur Sonne und ist damit optimal beobachtbar. Am selben Tag zieht er um 21 Uhr ganz dicht an einem Stern vorüber.

Datum	Sonne Aufg. h m	Unterg. h m	Mond Aufg. h m	Unterg. h m	Aktuelles Ereignis h m	
Fr 1.	5:35	19:04	15:15	22:12		
Sa 2.	5:36	19:02	16:19	23:08		
So 3.	5:38	19:00	17:11	–		
Mo 4.	5:39	18:58	17:48	0:22		
Di 5.	5:41	18:56	18:15	1:49		Uranus (5♍7/3,7″) in Opposition (Entf. 2854 Mio. km), 1,2° östl. von l Aquarii (3♍7 mag), Sternbild Wassermann
Mi 6.	5:42	18:54	18:36	3:21		
Do 7.	5:44	18:52	18:53	4:53	19:42	Vollmond
					17:42	bis 22:00: Partielle Mondfinsternis (Größe 0,189), Finsternismitte 19:51, Höhe 8,2°, Austritt aus dem Kernschatten 20:37, Höhe 14,8°, Austritt aus dem Halbschatten 22:00, Höhe 24,9°
Fr 8.	5:45	18:49	19:08	6:24		
Sa 9.	5:47	18:47	19:23	7:53		
So 10.	5:48	18:45	19:39	9:23		
Mo 11.	5:49	18:43	19:59	10:52		
Di 12.	5:51	18:41	20:25	12:20	20:00	Jupiter (–1♍8) 0,5° nördl. des Doppelsterns α Lib (2♍7)
					20:30	bis 23:00 Plejaden-Bedeckung durch den Mond
Mi 13.	5:52	18:39	21:01	13:43		
Do 14.	5:54	18:36	21:49	14:55	12:15	Letztes Viertel
Fr 15.	5:55	18:34	22:49	15:51		
Sa 16.	5:57	18:32	23:59	16:33		
So 17.	5:58	18:30	–	17:02	1:00	Mond 2,7° südlich von Pollux, Sternbild Zwillinge
Mo 18.	6:00	18:27	1:12	17:23		
Di 19.	6:01	18:25	2:26	17:39	3:31	Mond 1,6° nördlich von Saturn (0♍5)
Mi 20.	6:03	18:23	3:37	17:52	4:30	Mond 2,7° östlich von Regulus, Sternbild Löwe
Do 21.	6:04	18:21	4:47	18:03		
Fr 22.	6:06	18:19	5:55	18:14	12:45	Neumond
Sa 23.	6:07	18:16	7:02	18:24	5:03	Herbstanfang, Sonne im Herbstpunkt
So 24.	6:09	18:14	8:11	18:36		
Mo 25.	6:10	18:12	9:22	18:51		
Di 26.	6:12	18:10	10:35	19:09		
Mi 27.	6:13	18:08	11:50	19:33		
Do 28.	6:15	18:05	13:03	20:08		
Fr 29.	6:17	18:03	14:09	20:57		
Sa 30.	6:18	18:01	15:04	22:02	12:04	Erstes Viertel

Partielle Mondfinsternis am 7. September

Am 7. dieses Monats steht der Mond im Sternbild Wassermann (lat.: Aquarius), und wir können nach längerer Abstinenz wieder einmal eine Kernschatten-Finsternis des Mondes erleben. Die Finsternis ist überall dort zu sehen, wo der Mond über dem Horizont steht, also in Asien, Australien, Afrika und Europa, ausgenommen der westlichste Teil, wo der Mond bei Finsternisbeginn noch nicht aufgegangen ist.

Eine Mondfinsternis kann nur bei Vollmond geschehen. Dann steht der Mond von der Erde aus gesehen der Sonne am Himmel gegenüber und damit in der Nähe des Kernschattens, den die Erde in den Weltraum wirft. Da die Erde viel größer ist als der Mond und der Mond gar nicht so weit entfernt seine Bahn zieht, ist auch der Kernschatten der Erde in Mondentfernung ca. 2,6-mal größer als der Monddurchmesser.

Dass es nicht bei jedem Vollmond eine Mondfinsternis gibt, findet seine Ursache darin, dass die Bahnebene des Mondes um die Erde nicht mit der Bahnebene der Erde um die Sonne übereinstimmt: Beide Bahnebenen sind um ca. 5° gegeneinander geneigt. Die beiden Schnittpunkte der Bahnen werden „Knoten" genannt. Befindet sich der Mond auf seiner Bahn in einem der beiden Knoten, so steht er in diesem Moment genau in der Ebene der Erdbahn um die Sonne. Herrscht dann zufällig auch noch Vollmond, so tritt der Mond in den Kernschatten der Erde ein – er wird verfinstert. Gelangt er vollständig in den Schatten, dann gibt es eine totale Mondfinsternis zu erleben.

So funktioniert eine Mondfinsternis

Leider handelt es sich heute „nur" um eine partielle Mondfinsternis. Der Mond ist bei seinem Knotendurchgang doch noch so weit vom Mittelpunkt des Erdschattens entfernt, dass der Kernschatten seine Oberfläche nur streift. Der Mond tritt an seinem Nordrand zu 18,9 % seines Durchmessers in der Kernschatten ein – die „Größe" der Finsternis beträgt 0,189 (Abb. 9.1). Die gleiche Art Mondfinsternis gab es übrigens schon einmal, am 17. August 1970 (Abb. 9.2). Alle Mondfinsternisse wiederholen sich nahezu exakt alle 18 Jahre und 11 Tage. Es passt: Zwischen den beiden genannten Finsternissen liegen zwei dieser „Saros-Zyklen": 36 Jahre und 22 Tage.

Ein auf dem verfinsterten Teil der Mondoberfläche stehender Astronaut würde nun beobachten, dass sich die Erde vor die Sonne schiebt und diese bedeckt. Verschwindet die Sonne vollständig hinter der Erde, so erlebt der Astronaut eine totale Sonnenfinsternis und er steht im Kernschatten der Erde. Wird die Sonne nur teilweise

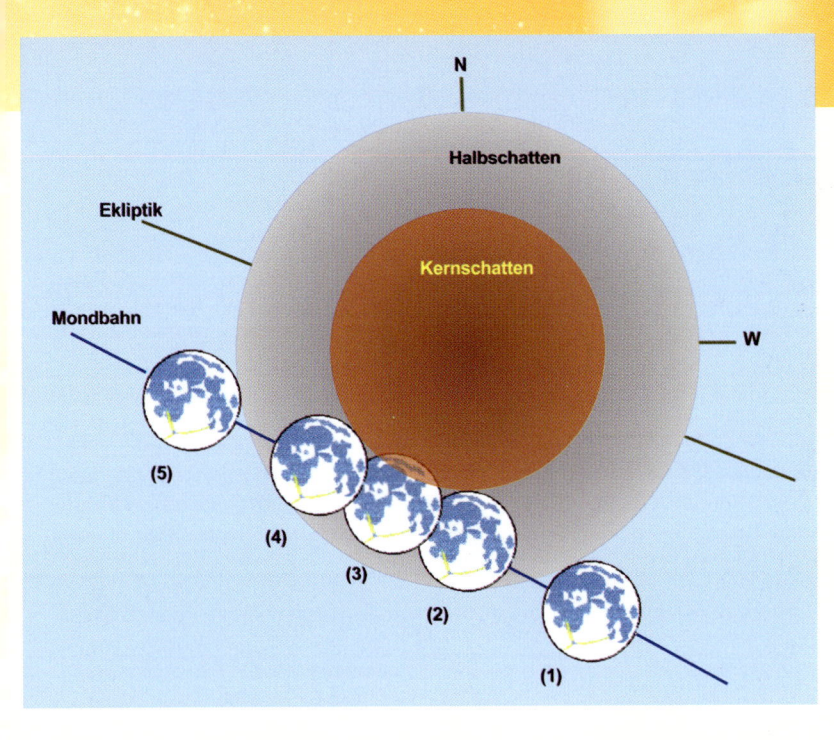

9.1 So wandert der Mond am 7. September durch den Kernschatten der Erde.

bedeckt, so erlebt der Astronaut eine partielle Sonnenfinsternis, er steht im Halbschatten der Erde. Halbschatten bedeutet also, dass ein Teil des Sonnenlichtes noch die Mondoberfläche erreicht. Von der Erde aus betrachtet ist der Effekt der Halbschattenfinsternis jedoch gering – es ist nur eine ganz geringe Abschwächung der Mondhelligkeit zu beobachten. Dieser Teil der Finsternis ist relativ uninteressant. Nach Abbildung 9.1 muss der Mond also, bevor er den Kernschatten erreicht, immer durch den unauffälligen Halbschatten hindurch. Bei seinem Aufgang am 7. September befindet sich der Mond nach Tabelle 9.1 bereits im Halbschatten. Da die

Die partielle Mondfinsternis am 7. September

Alle Zeitangaben in MEZ. Für MESZ eine Stunde addieren!

(1)	17:42	Eintritt des Mondes in den Halbschatten	Höhe	−12,0°
	18:53	Mondaufgang	Höhe	0°
(2)	19:05	Eintritt des Mondes in den Kernschatten	Höhe	1,4°
	ca. 19:18	Kernschattenrand erreicht Mondkrater Plato	Höhe	3,1°
	19:42	Vollmond	Höhe	6,7°
(3)	19:51	Finsternismitte	Höhe	8,2°
	ca. 20:13	Kernschattenrand gibt Mondkrater Plato frei	Höhe	11,3°
(4)	20:37	Austritt des Mondes aus dem Kernschatten	Höhe	14,8°
(5)	22:00	Austritt des Mondes aus dem Halbschatten	Höhe	24,9°

9.2 So etwa wie hier am 17.8.1970 könnte die partielle Mondfinsternis am 7. September aussehen.

gesamte Finsternis recht tief am Osthorizont stattfindet, sollten wir uns einen Beobachtungsplatz suchen, an dem wir freie Horizontsicht nach Osten haben.

Die Beobachtung

Interessant bei dieser Finsternis wird folgendes Phänomen zu beobachten sein. Mit bloßem Auge oder besser mit einem Feldstecher können wir gut verfolgen, wie der Mond langsam in den Kernschatten ein- und wieder austritt. Mit unserem Teleskop stellen wir zuerst geringe, dann aber auch höhere Vergrößerungen ein, um uns den Rand des Kernschattens genauer anzusehen. Wir gehen dabei bis zur förderlichen Vergrößerung (V = 2x Teleskopdurchmesser in mm). Um 19:18 MEZ erreicht der Kernschattenrand den großen, markanten Mondkrater Plato (Durchmesser 100 km). Damit haben wir einen Fixpunkt, den wir benutzen können, um die „Schärfe" des Kernschattenrandes zu beurteilen. Notieren Sie in Ihrem Beobachtungsbuch z. B. die Uhrzeit (möglichst sekundengenau), wann der Krater vollständig in den Schatten getaucht ist. Und zwar dreifach:

- 1. Zeitmessung – Der Kernschattenrand könnte den Krater jetzt schon vollständig erfasst haben.
- 2. Zeitmessung – Jetzt ist der wahrscheinlichste Zeitpunkt, dass der Krater vollständig erfasst ist.
- 3. Zeitmessung – Der Krater ist nun mit Sicherheit vollständig im Kernschatten verschwunden.

Um 20:13 MEZ beginnt der Kernschatten den Krater wieder freizugeben, so dass wir hier unsere Beobachtung in umgekehrter Reihenfolge wiederholen können: Zu welchem Zeitpunkt hat der Kernschatten den Krater wieder vollständig freigegeben? Sie werden feststellen, dass es gar nicht so einfach ist, die genauen Zeitpunkte anzugeben. Je enger die drei Zeiten zusammenliegen, umso genauer lässt sich die Kontaktzeit bestimmen. Die große Unsicherheit bei der Messung liegt zum einen an den schwachen Lichtverhältnissen am mathematisch zu errechnenden Kernschattenrand, zum anderen daran, dass die Erde ja eine dichte Atmosphäre besitzt, die das Sonnenlicht noch am Rand des Erdkörpers vorbei in den Schatten lenkt. Letzterer Effekt sorgt auch für die rötliche Aufhellung des Kernschattens. Beides macht die Kernschattengrenze diffus und farblich variabel. Notieren Sie in Ihr Beobachtungsbuch: Welche Farbe besitzt der Kernschattenrand? Hebt er sich vom Rot des Kernschatteninneren ab? Sie sehen, auch eine so relativ kleine partielle Mondfinsternis hat ihre Reize. Hoffentlich spielt das Wetter mit. Viel Spaß beim Beobachten!

Der Mond bedeckt das Siebengestirn

Das Siebengestirn ist einer der uns nächsten offenen Sternhaufen am Himmel. Mit bloßem Auge sind hier 6 bis 9 helle Sterne zu erkennen. Es lohnt sich, diese fast 2° durchmessende Sterngruppe einmal genauer zu betrachten: mit bloßem Auge, dem Feldstecher, dem Teleskop. Am schönsten sehen die Plejaden zweifellos im Feldstecher aus: eine Anhäufung blau leuchtender, heller Sterne.

In diesem Jahr wird unser Augenmerk gleich fünfmal durch unseren Mond auf das Siebengestirn gelenkt. Dreimal steht unser Begleiter sehr dicht neben dem Sternhaufen (am 10. Januar, 23. Juni und 6. November), zweimal zieht der Erdtrabant direkt darüber hinweg (am 12. September, 4. Dezember). Damit wir uns besser vorstellen können, wie die Beobachtungssituationen aussehen werden, sind in Abbildung 9.3 diese Annäherungen dargestellt. Aus der Tabelle rechts ist zu erkennen, dass die Bedeckung am 12. September die besten Beobachtungsbedingungen bietet: Es ist kein Vollmond und die Dämmerung stört nicht. Bei seinem Aufgang im Nordosten steht der Mond bereits am Westrand der Plejaden. Da es einige Tage nach Vollmond ist, steht er in der zu 67 % beleuchteten abnehmenden 3/4-Phase. Die Plejadensterne verschwinden also am hellen Mondrand, um am dunklen wieder aufzutauchen.

Abbildung 9.5 zeigt ein Bild aus einer mit einer hochempfindlichen Videokamera am Teleskop aufgenommenen Bildreihe. Der Mond hat hier bei der Bedeckung eines (anderen) Sternhaufens soeben an seinem von der Sonne unbeleuchteten Westrand einige Sterne frei gegeben. Die dunkle Nachtseite des Mondes ist hier trotz des fehlenden Sonnenlichtes zu erkennen, weil die Mondoberfläche von der Erde angestrahlt wird. Wir sehen hier das

Bedeckungszeiten des Sterns Alcyone

Angaben für die Plejadenbedeckung durch den Mond am 12.9.2006 für verschiedene Orte (MEZ).

Ort	Bedeckung Anfang	Bedeckung Ende	Dauer
Flensburg	21:13	21:53	40 min
Hamburg	21:11	21:51	40
Münster	21:10	21:49	39
Bochum	21:10	21:49	39
Köln	21:09	21:48	39
Göttingen	21:08	21:49	41
Luxemburg	21:08	21:47	39
Berlin	21:07	21:50	43
Frankfurt/Main	21:07	21:47	40
Dresden	21:05	21:48	43
Nürnberg	21:04	21:46	42
Stuttgart	21:04	21:46	42
Basel	21:04	21:45	41
Innsbruck	21:01	21:43	42
Lugano	21:01	21:43	42
Salzburg	21:00	21:44	44
Wien	20:59	21:44	45
Villach	20:58	21:42	44

September 2006

9.3 Skizzen der Beobachtungssituationen, wenn der Mond 2006 dicht bei den Plejaden steht.

so genannte „aschgraue Mondlicht", das wir bei schmaler Mondsichel mit bloßem Auge erkennen können. So ungefähr könnte es auch bei der Bedeckung der Plejaden durch den Mond aussehen.

In Tabelle 9.3 sind für verschiedene Beobachtungsorte die Bedeckungszeiten für den mit $2^m 8$ hellsten Plejadenstern Alcyone angegeben. Es empfiehlt sich, bereits ein bis zwei Minuten vorher hinzuschauen, um den Kontakt nicht zu verpassen. Da die Plejaden jede Menge Sterne enthalten, die jetzt vom Mond bedeckt werden, können wir auch andere Sterne versuchen zu verfolgen. An welcher Stelle ist der Kontakt besser zu beobachten: Am beleuchteten östlichen oder am dunklen westlichen Mondrand? Damit Alcyone auch zuverlässig identifiziert werden kann, zeigt Abbildung 9.4 den genauen Ort des Sterns in den Plejaden. Hier ist es so, dass der Stern bereits vor der Bedeckung genau erfasst werden kann. Dafür ist es schwierig, am hellen, das Auge blendenden Mondrand das Verschwinden des Sterns genau zu definieren. Erst recht bei

9.4 Aufsuchkarte für den hellsten Plejadenstern Alcyone

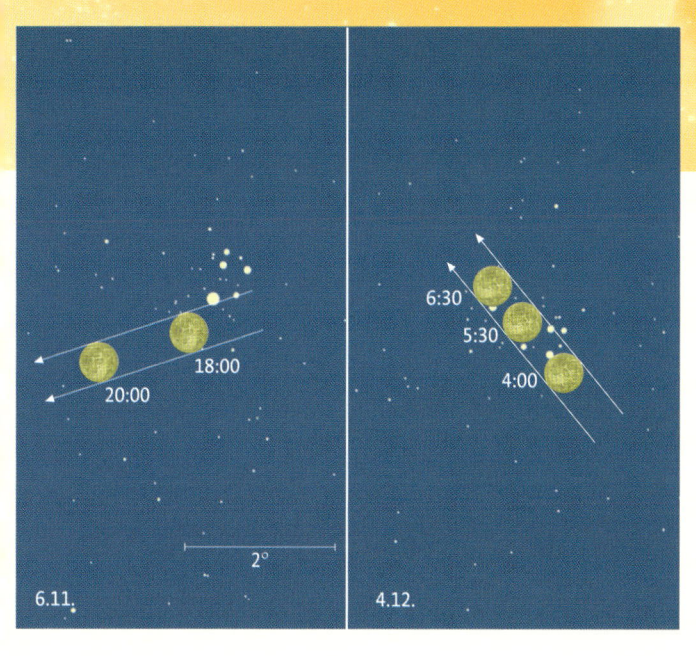

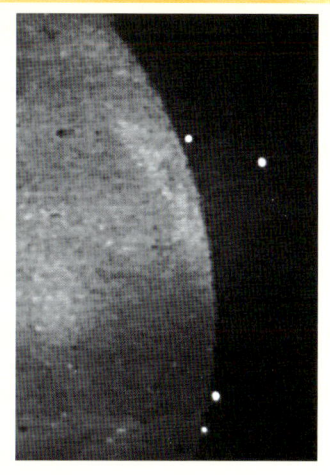

schwächeren Sternen. Anders ist es beim Wiederauftauchen hinter dem dunklen Rand des Mondes: Der Stern ist gut erkennbar. Dafür ist es problematisch, den genauen Punkt am Mondrand vorherzusehen, wo der Stern erscheinen wird. Achten Sie darauf: Taucht der Stern langsam am Mondrand auf oder ist er plötzlich „da"? Fachastronomen können aus der „Auftauchzeitdauer" den Winkeldurchmesser ferner Riesensterne ableiten. Mit Amateurmitteln ist dies kaum möglich, da die Zeitdauer viel zu kurz ist. Auf jeden Fall ist es spannend, einmal für einige Stunden zu verfolgen, wie der Mond vor fernen Sternen vorüberzieht.
Hoffentlich spielt das Wetter mit. Viel Erfolg!

9.5 Sterne eines Sternhaufens tauchen am dunklen Westrand des Mondes nach Ihrer Bedeckung wieder auf (Foto: Hans Joachim Bode).

Daten zur engen Annäherung vom Mond an die Plejaden

Datum	Beobachtung um MEZ	Beschreibung	Mondalter /Tage	beleuchtet %	Himmelsrichtung	Horizonthöhe	Mondaufgg.	Monduntergg.	Dämmerung
10.01.	04:21	Mo. am Südrand der Plej.	10,0	82	NW	5°	–	05:06	nein
23.06.	02:30	Mo. am Südrand der Plej.	26,8	8	NO	5°	01:47	–	ja
12.09.	20:30-23:00	Bedeckung	20,1	67	NO	0°-21°	20:22	–	nein
06.11.	18:00	Mo. am Ostrand der Plej.	15,5	98	NO	9°	16:47	–	ja
04.12.	04:00-06:42	Bedeckung	13,2	99	W–NW	30°-6°	–	07:42	ja

September 2006

Sonne, Mond und Planeten

Der Sternenhimmel um 22 Uhr MEZ

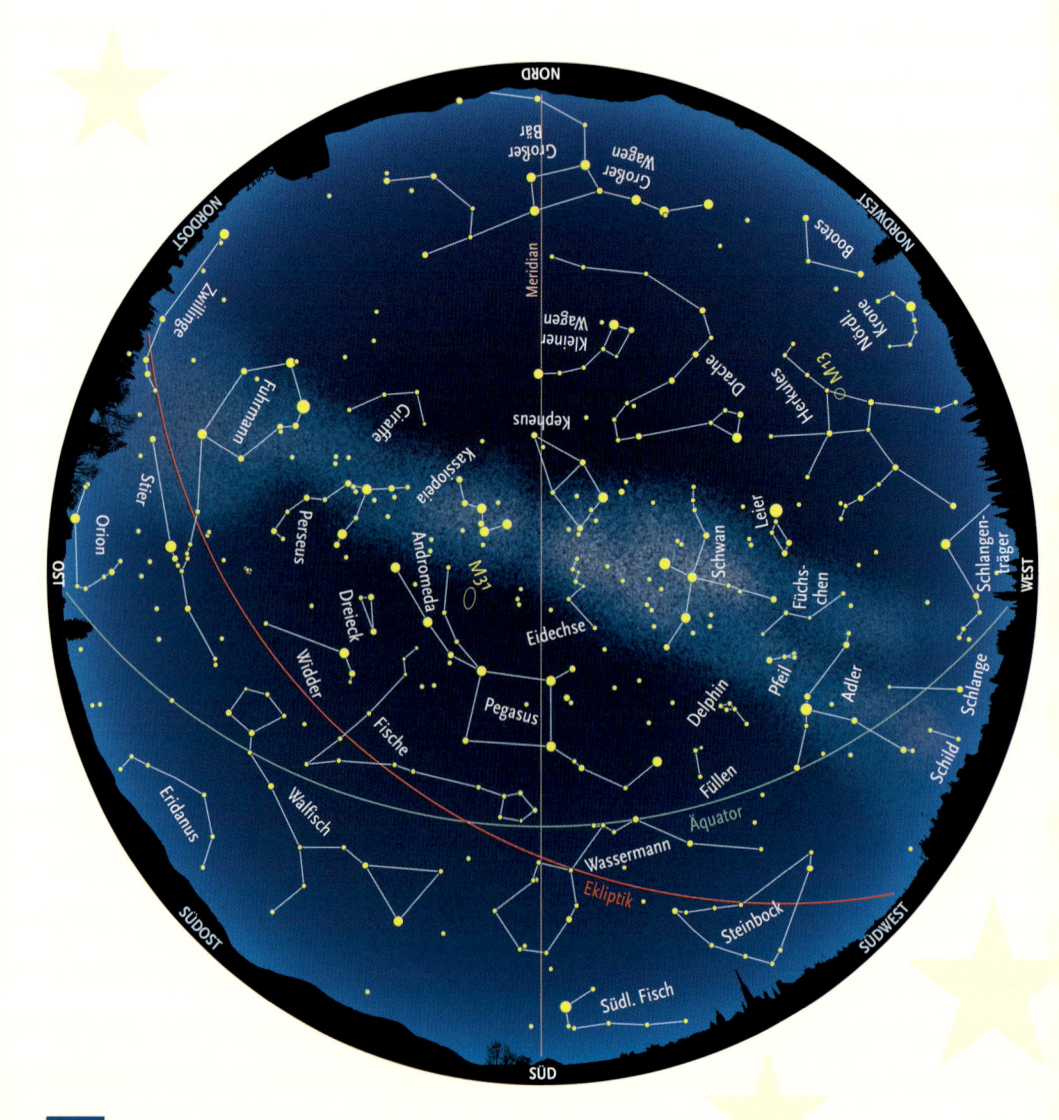

Oktober 2006

im Oktober 2006

Ein planetenarmer Monat: Merkur, Venus, Mars und Jupiter sind unbeobachtbar. Saturn ist Morgenhimmelobjekt, steht im Sternbild Löwe und ist gut zu beobachten. Er geht zur Monatsmitte allerdings schon vor Mitternacht auf. Uranus ist am 4. leicht zu finden: Der grünliche Planet steht dann 0,4° nördlich des 3ᵐ7 hellen Sterns λ Aqr im Sternbild Wassermann.

Datum		Sonne Aufg. h m	Unterg. h m	Mond Aufg. h m	Unterg. h m	Aktuelles Ereignis h m	
So	1.	6:20	17:59	15:45	23:21		
Mo	2.	6:21	17:57	16:15	–		
Di	3.	6:23	17:55	16:38	0:48		
Mi	4.	6:24	17:52	16:56	2:17	0:30	Uranus (5ᵐ7) 25′ (0,4°) südlich des Sterns λ Aquarii (3ᵐ7), Sternbild Wassermann
Do	5.	6:26	17:50	17:11	3:47		
Fr	6.	6:27	17:48	17:26	5:17		
Sa	7.	6:29	17:46	17:42	6:47	4:13	Vollmond
So	8.	6:30	17:44	18:01	8:18		
Mo	9.	6:32	17:42	18:24	9:50		
Di	10.	6:34	17:40	18:56	11:19	4:45	Mond 1,3° westlich der Plejaden, Sternbild Stier
Mi	11.	6:35	17:38	19:40	12:39		
Do	12.	6:37	17:36	20:38	13:44		
Fr	13.	6:38	17:33	21:46	14:31		
Sa	14.	6:40	17:31	23:00	15:05	1:26	Letztes Viertel
						5:00	Mond 2,3° südwestlich von Pollux, Sternbild Zwillinge
So	15.	6:41	17:29	–	15:29		
Mo	16.	6:43	17:27	0:14	15:46		
Di	17.	6:45	17:25	1:27	16:00	5:00	Mond 1,3° nördlich von Regulus, Sternbild Löwe
Mi	18.	6:46	17:23	2:36	16:12		
Do	19.	6:48	17:21	3:45	16:23		
Fr	20.	6:50	17:19	4:52	16:33		
Sa	21.	6:51	17:17	6:01	16:45		
So	22.	6:53	17:15	7:11	16:59	6:14	Neumond
Mo	23.	6:54	17:14	8:24	17:16		
Di	24.	6:56	17:12	9:39	17:38		
Mi	25.	6:58	17:10	10:53	18:10		
Do	26.	6:59	17:08	12:01	18:54		
Fr	27.	7:01	17:06	12:59	19:53		
Sa	28.	7:03	17:04	13:44	21:06		
So	29.	7:04	17:02	14:17	22:28	22:25	Erstes Viertel
Mo	30.	7:06	17:01	14:41	23:53		
Di	31.	7:08	16:59	15:00	–		

Stars am Herbsthimmel

Im Herbst steht das Band der Milchstraße noch immer hoch am Himmel. Die hellsten Partien im Schützen sind jedoch schon untergegangen. Das Sommerdreieck finden wir halbhoch im Westen. Dafür stehen so markante Sternbilder wie der Pegasus, die Andromeda und die Kassiopeia jetzt hoch im Süden.

10.1a Aufsuchkarte für den planetarischen Nebel NGC 246, westlicher Teil des Sternbildes Walfisch, es sind Sterne bis 7^m dargestellt. Siehe auch die Monatssternkarte.

Im letzten Jahr habe ich Ihnen die Galaxie M 33 im Sternbild Dreieck, den Kugelsternhaufen M 15 im Pegasus und den offenen Sternhaufen M 34 im Perseus vorgestellt. Jetzt nehmen wir uns einmal den Planetarischen Nebel NGC 246 im Sternbild Walfisch, die Galaxie M 74 im Sternbild Fische und den Doppelstern γ And im Sternbild Andromeda vor.

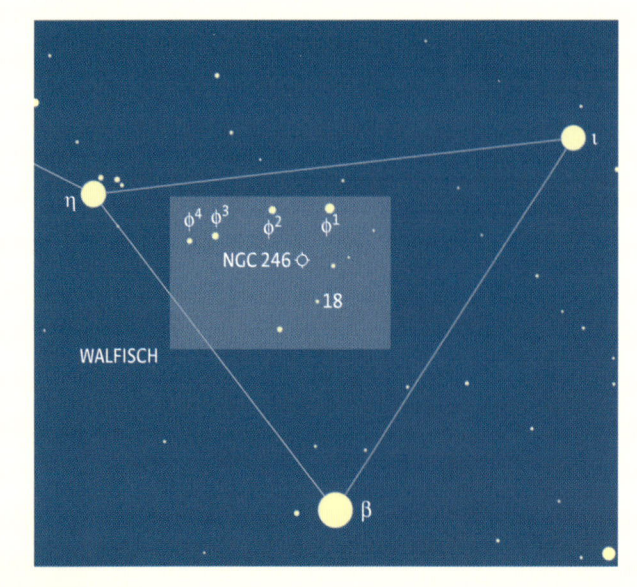

Planetarischer Nebel NGC 246

Der Planetarische Nebel mit der Nummer 246 im New General Catalogue steht mitten in dem großen Dreieck, das das westliche Ende des Sternbildes Walfisch (lat.: Cetus) bildet (Abb. 10.1). Da dieses Sternbild recht tief steht, sollte man sich die Beobachtung für die Kulminationszeit vornehmen. Dies ist Mitte Oktober um 23:30, Mitte November um 21:30 und Mitte Dezember um 19:30 der Fall.
Der fast kreisrunde Nebel hat eine relativ große Helligkeit von 8^{m}0 und ähnelt im Teleskop einem schwachen Planetenscheibchen von 3,8′ Durchmesser. Das entspricht fünfmal dem Winkeldurchmesser des Planeten Jupiter. Eine Farbe wird man im Teleskop nicht erkennen können, die Lichtmenge reicht dazu nicht aus. Auf Farbaufnahmen erscheint der Nebel jedoch intensiv blau. Da der Nebel relativ klein ist, sollte man auch hoch vergrößern, mindestens bis zur förderlichen Vergrößerung des Instrumentes. Bei geringer Luftunruhe wird man dann Unterschiede am Rand des Nebels erkennen: West- und Südrand

10.1b Aufsuchkarte für NGC 246, der Ausschnitt ist in Abb. 10.1a markiert. Es sind Sterne bis zu 9ᵐ dargestellt.

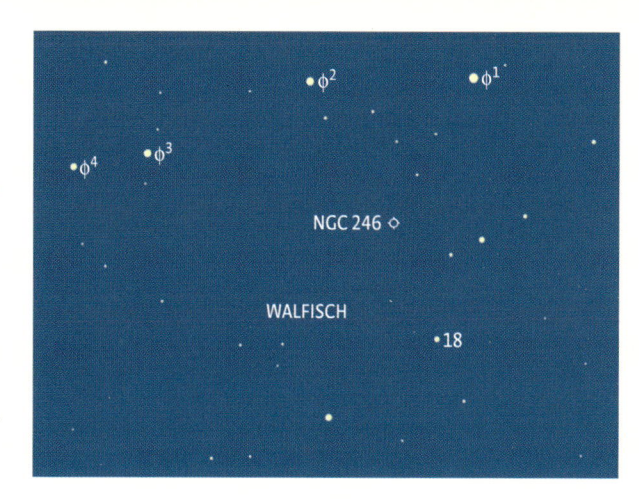

sind deutlich schärfer als der Ost- und Nordrand des Nebels (Abb. 10.2).

Galaxie M 74

Die Spiralgalaxie M 74 ist vom Typ Sc, der weit geöffnete Spiralarme bezeichnet. Wir schauen fast senkrecht von oben auf die Galaxienebene. Obwohl die 10′×9,4′ große Galaxie eine Helligkeit von immerhin $9^m\!.4$ besitzt, sind die Spiralarme erst ab einer Teleskopöffnung von mehr als 30 cm erkennbar. In kleinen Instrumenten sieht man von der Galaxie nur den Kern, der einem unaufgelösten Kugelsternhaufen ähnelt, umgeben von einem schwachen, diffusen Lichthalo.

Wie finden wir M 74 am besten? Die Galaxie steht zwar im Sternbild Fische (lat.: Pisces), wir gehen jedoch vom Sternbild Widder aus (lat.: Aries). Seine beiden Hauptsterne α (alpha) und β (beta) Arietis sind von $2^m\!.0$ und $2^m\!.6$ Helligkeit und mit bloßem Auge in

10.2 So kontrastreich ist er mit dem Auge nicht zu sehen: der planetarische Nebel NGC 246 im Sternbild Walfisch, aufgenommen mit einem 36-cm-Teleskop (Foto: Volker Wendel).

10.3 Aufsuchkarte für die Galaxie M 74 im Grenzgebiet der Sternbilder Widder-Fische. Folgen Sie den markierten Sternen.

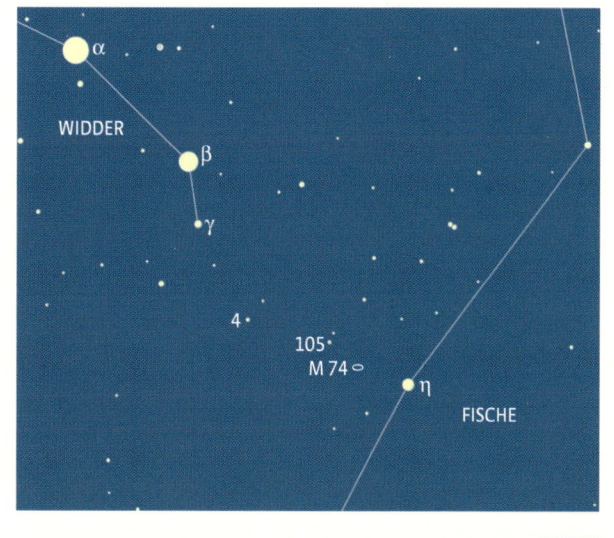

Oktober 2006

10.4 Aufsuchkarte für den hellen Doppelstern γ Andromedae

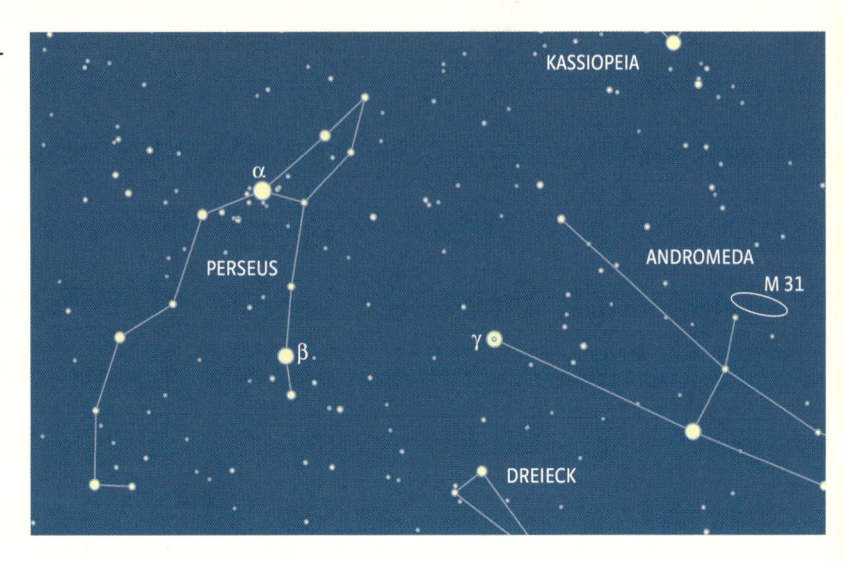

10.5 Der Doppelstern γ And, Umgebungsaufnahme mit Schwarzweiß-Detailansicht, die dem visuellen Eindruck entspricht (Foto: Bernd Koch).

ihrer sternarmen Umgebung gut zu identifizieren. Wir denken uns eine Verbindungslinie zwischen den beiden Sternen und verlängern diese um das Doppelte in Richtung Westen. Zielpunkt ist dann der $3^m\!\!.6$ helle Stern η (eta) Piscium im Sternbild Fische. So weit kommen wir mit bloßem Auge. Nehmen wir nun den Feldstecher oder das Teleskop zur Hand. In der Nachbarschaft dieses Sterns gibt es etwa 1,5° östlich einige schwächere Sterne 6. Größenklasse: 101, 104 und 105 Psc (Abb. 10.3). Mitten in dem Dreieck, das von den Sternen η, 101 und 105 Psc aufgespannt wird, finden wir einen kleinen diffusen Lichtfleck: die gesuchte Galaxie M 74.

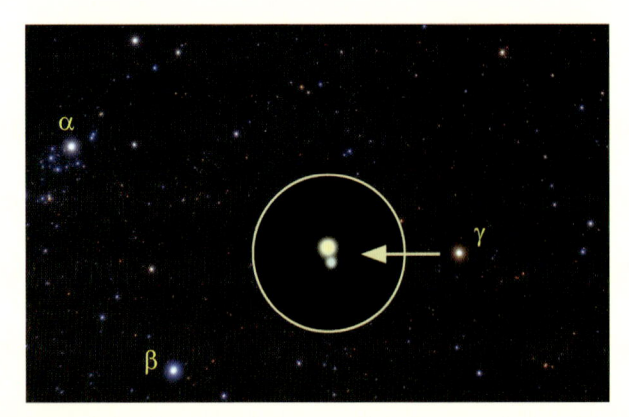

Doppelstern γ Andromedae

Der 350 Lichtjahre entfernte Doppelstern γ (gamma) And ist der östlichste Stern jener Sternkette, die das Sternbild Andromeda markiert (Abb. 10.4). Die beiden $2^m\!\!.3$ und $5^m\!\!.5$ hellen stellaren Komponenten stehen 9,8″ auseinander und sind somit auch für kleine Instrumente gut aufzulösen (Abb. 10.5). Je größer die Instrumentenöffnung, umso besser wird er schöne Farbkontrast der beiden Sterne erkennbar: gelb und grünblau.

Deep-Sky-Objekte am Fernrohr selbst beobachten

Die vornehmste Aufgabe eines Fernrohrs ist es, lichtschwache Objekte des tiefen, dunklen Weltraums heller und damit für den Beobachter sichtbar zu machen. Selbst kleine Teleskope folgen Hubbles Spuren und zeigen bereits weit entfernte Galaxien, schmucke Sternhaufen und niedliche Nebel.

Was sind eigentlich Deep-Sky-Objekte?

Im engen Wortsinn werden Objekte jenseits der Grenzen unseres Sonnensystems dieser Objektklasse zugeordnet, also ferne Sternhaufen, Nebel und Galaxien; einzelne Sterne dagegen nicht.

Nur wenige Objekte dieser Klasse sind bei aufgehelltem Stadthimmel überhaupt für das bloße Auge erkennbar: z. B. der bekannte Andromedanebel mit der Messier-Nummer 31 im Sternbild Andromeda im Herbst oder der große Orionnebel (M 42) im Sternbild Orion am Winterhimmel. Von beiden Objekten sind aber nur die vergleichsweise kleinen, hellen Zentralregionen zu sehen. Mit dem Feldstecher sieht man schon wesentlich mehr Details in diesen Objekten und von Ihnen auch eine größere Zahl. Aber wir müssen dann schon genau wissen, wo am Himmel sie zu finden sind

Wie findet man Deep-Sky-Objekte?

Während die beiden oben genannten Objekte so hell sind, dass wir sie auf den Monatssternkarten eingetragen haben, sind die meisten anderen doch so lichtschwach und zahlreich, dass dies nicht mehr möglich ist. Wir brauchen:

- einen detaillierten Himmelsatlas (z. B. Kosmos-Atlas Sterne & Planeten von Dunlop/Tirion), der eigentlich für jeden Amateur Pflicht ist, oder noch besser,
- spezielle Aufsuchkarten, die wir in der astronomischen Literatur in Buchform finden (z. B. den beliebten „Atlas für Himmelsbeobachter" von Erich Karkoschka) oder
- eine Astro-Software, mit der wir Aufsuchkarten am PC selbst erstellen können (z. B. mit GUIDE von Project Pluto).

Dann können wir einfach darin stöbern oder gezielt Objekte suchen, von denen wir wissen, dass sie interessant sind zu beobachten. Doch welche sind das?

Welche Objekte kann man beobachten?

Der Einsteiger ist oft überwältigt von der Fülle beobachtbarer Objekte. Hier kann z. B. eine Liste hilfreich sein, die angibt, welche Objekte mit welchen Teleskopen beobachtet werden können und wie hell sie erscheinen, wie es im *Atlas für Himmelsbeobachter* der

10.6 Der große Orionnebel (M 42) im Sternbild Orion. Das gelb eingezeichnete Gesichtsfeld hat einen Durchmesser von $1/2°$ am Himmel.

Fall ist. Eine umfangreiche Liste gibt es auch als „Deep-Sky-Liste" der Fachgruppe „Visuelle Deep-Sky-Beobachtung" der VdS. Diese Gruppe von Deep-Sky-Beobachtern hat eine eigene Webseite (*www.fachgruppe-deepsky.de*), wo wir verschiedene hilfreiche Informationen erhalten können, zum Beispiel die erwähnte Liste, die ständig fortgeführt wird, und auch Zeichenschablonen für eigene Zeichnungen von Deep-Sky-Objekten direkt am Fernrohr (Abb. 10.8). Aufsuchkarten gibt es hier nicht, was wegen der

Fülle von Objekten auch nicht machbar wäre. Also bleibt uns nur, die dort beschriebenen Objekte im Atlas, in der Spezialliteratur oder mit einer Software zu finden und uns selbst Aufsuchkarten für die Beobachtung am Fernrohr anzufertigen. Das ist nicht so schwierig: Eine Skizze des Objektes mit seiner Sternumgebung mit Bleistift auf Papier genügt meist. Für einige ausgewählte Objekte jeder Jahreszeit habe ich Ihnen Aufsuchkarten angefertigt, die Sie hier im Buch finden.

Wie beobachtet man Deep-Sky-Objekte?

Für die Beobachtung von Deep-Sky-Objekten gilt die einfache Regel: Je dunkler der Himmel, umso besser. Zu den wenigen Objekten, die auch aus der Stadt heraus beobachtbar sind, zählt z. B. das Zentrum des Orionnebels, wo wir selbst in kleinen Teleskopen Strukturen erkennen können. Doch das ist irgendwann erledigt, und wenn wir auf schwächere Objekte aus sind, heißt es eben: raus aus der Stadt. Dorthin, wo es (halbwegs) dunkel ist. Die zweite Regel lautet: Je größer das Teleskop, umso besser. Das kann natürlich nicht bedeuten, dass man nur dann schöne Beobachtungen machen kann, wenn man mindestens ein Teleskop der 50-cm-Klasse besitzt. Mein größtes Teleskop hat nur eine freie Öffnung von 22 cm und ich kann trotzdem den großen schwachen Rundbogen in den südlichen Randgebieten des Orionnebels im Okular „abfahren". Um schwache flächenhafte Partien in Himmelsobjekten erkennen zu kön-

10.7 Der Orionnebel M 42, visuell beobachtet und gezeichnet an einem 20-cm-Schmidt-Cassegrain-Teleskop bei 57-facher Vergrößerung. Die Austrittspupille betrug 3,5 mm (Zeichnung: Rainer Töpler).

nen, verwenden wir nicht irgendeine Vergrößerung. Am effektivsten ist jene Vergrößerung, die eine Austrittspupille liefert, die gleich dem maximalen Durchmesser unserer Augenpupille ist. Es gilt V = EP / AP. Hierbei ist V die Vergrößerung, AP die Austrittspupille hinter dem Okular und EP die Eintrittspupille des Teleskops = freie Öffnung. Die Begriffe Ein- und Austrittspupille beschreiben die Durchmesser des ein- bzw. austretenden Lichtbündels. Diese Vergrößerung garantiert, dass ich mein Teleskop optimal ausnutze, was die Lichtausbeute betrifft. Mit der maximalen Augenpupille ist der Durchmesser der Augenpupille des optimal an die Dunkelheit angepassten (adaptierten) menschlichen Auges gemeint. Diese beträgt individuell etwas unterschiedlich 5–8 mm. Zur Anpassung an die Dunkelheit benötigt das Auge etwa 30–60 Minuten. Deshalb ist auch (wenn überhaupt) eine blendfreie Rotlichtlampe für die nächtlichen Arbeiten am Teleskop erforderlich.

Ein Rechenbeispiel: Angenommen, mein Pupillendurchmesser beträgt 6 mm, und ich benutze ein Teleskop mit 114 mm Öffnung und 900 mm Brennweite. Dann sollte die sinnvolle Vergrößerung V = 114 mm / 6 mm = 19-fach sein. Wenn ich in meinem Sortiment z. B. Okulare der Brennweiten 40 mm, 25 mm und 10 mm zur Verfügung habe – welches Okular liefert mir nun die beste Lichtausbeute? Es ist das Okular, das der 19fachen Vergrößerung am nächsten kommt. Die Vergrößerung V errechnet sich aus der Teleskop- und der Okularbrennweite wie V = Teleskopbrennweite/Okularbrennweite.

Mein 40-mm-Okular liefert also eine Vergrößerung von V = 900 mm/40 mm = 22,5-fach. Kürzerbrennweitige Okulare liefern eine höhere Vergrößerung. Das 40-mm-Okular mit einer Austrittspupille von AP = 114 mm / 22,5 = 5,1 mm Durchmesser wäre hier demnach die richtige Wahl für Deep-Sky-Beobachtungen. Es liefert von diesen Okularen auch das größte Gesichtsfeld, wenn es denn Standard-Okulare sind. Die Größe des Gesichtsfelddurchmessers lässt sich jedoch nicht pauschal angeben. Sie hängt von der Bauart des Okulars ab. Es gibt Okulare mit „normalem" Gesichtsfeld, aber auch spezielle (relativ teure) Weitwinkel-Okulare mit großem Gesichtsfeld. Das Gesichtsfeld eines Weitwinkel-Okulars ist größer als das Gesichtsfeld eines Standard-Okulars gleicher Brennweite. Ich habe hierbei also die Wahl zwischen verschieden großen Gesichtsfeldern bei gleicher Vergrößerung. Je größer das Gesichtsfeld des Okulars ist, durch das ich blicke, um so räumlicher erscheint mir das betrachtete Bild. Ähnlich wie in einem IMAX-Kino drängt der Gesichtsfeldrand weiter nach außen, bis er fast nicht mehr wahrnehmbar ist – dann habe ich den Eindruck, als „schwebe" ich als Beobachter im Raum vor dem Objekt!

In Abbildung 10.6 ist als gelber Kreis ein Gesichtsfeld von $1/2°$ eingezeichnet, was etwa einem Vollmonddurchmesser entspricht. Man sieht hier, wie groß der Orionnebel erscheint, wenn der Himmel wirklich dunkel ist. Abbildung 10.7 zeigt eine Zeichnung des Orionnebels, so wie er in einem für Amateure typischen Teleskop zu beobachten ist, in einem 200-mm-Schmidt-Cassegrain-Teleskop mit 2 m Brennweite. Ist es nicht erstaunlich, welch schwache Partien hier dem Auge zugänglich werden? Auch hier ist ein dunkler Himmel das A und O bei der Beobachtung.

Fit für eine Zeichnung?

Das Erstellen einer Zeichnung des beobachteten Deep-Sky-Objekts ist eigentlich ein Kapitel für sich. Wenn Sie es aber jetzt schon einmal ausprobieren möchten:

Wir brauchen ein Blatt Papier (manche Beobachter bevorzugen schwarzen Fotokarton und einen weißen Stift) sowie einen halbwegs weichen Bleistift, dazu ein Klemmbrett als Unterlage und eine schwache (am besten regelbare) rote Beleuchtung zum Zeichnen. Die VdS-Fachgruppe Deep-Sky stellt Beobachtungsblätter

BEOBACHTUNGSBLATT
VdS-Fachgruppe Deep-Sky

Objekt: _____
RA: _____ Dec: _____
Typ: _____ Sternbild: _____
Helligkeit: _____ Größe: _____

Teleskop:
Typ: _____ Verhältnis: _____
Öffnung: _____ Brennweite: _____

Beobachtung:
Beobachter: _____
Datum: _____ Zeit: _____
Ort: _____ Bedingung: _____

Beschreibung: _____
_____
_____
_____
_____
_____

Vergrößerung: _____ Feld: _____

Filter: _____ Sichtbar im Sucher: _____

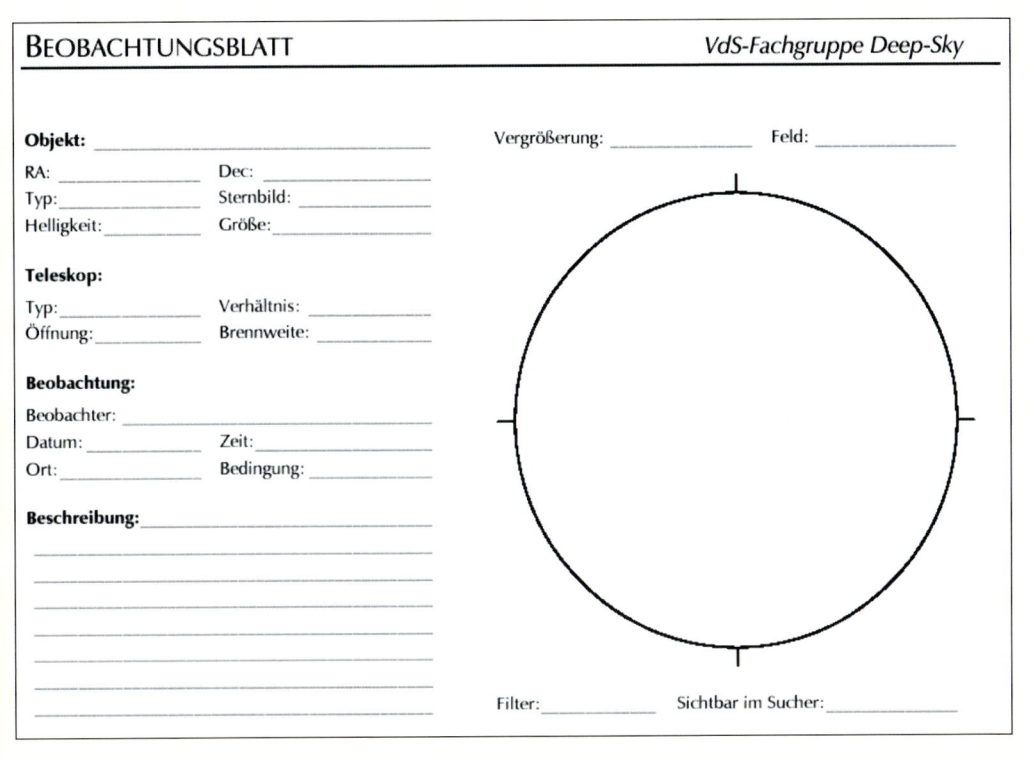

als Zeichenschablonen bereit, wo man einerseits seine Zeichnung erstellt, zusätzlich aber auch alle Beobachtungsdaten einträgt. Hinterher kann das fertige Blatt abgeheftet und so gesammelt werden. Am besten kopieren Sie sich das abgebildete Beobachtungsblatt (Abb. 10.8) und verwenden die Kopie als Zeichenschablone.

Die Haltung beim Beobachten sollte bequem und die Befestigung des Zeichenbretts sicher sein. Wir blicken abwechselnd ins Okular, erfassen ein Detail des Objektes und bringen es zu Papier. Wir beginnen mit den groben Umrissen des Objektes und den helle-ren Hintergrundsternen und arbeiten uns zu feinen Details vor. Das dauert seine Zeit. 30 Minuten für einen kleinen Nebel sind noch als kurz zu betrachten. Da uns die Objekte nicht weglaufen, können wir uns aber viel Zeit lassen und vielleicht sogar in der nächsten Nacht das Objekt erneut einstellen und weiterzeichnen. Es macht wirklich Spaß!

Dazu eine Buchempfehlung: Die VdS hat das „Praxishandbuch Deep Sky" beim Kosmos Verlag herausgegeben. Es wurde von Amateurbeobachtern geschrieben, die ihre Erfahrungen hier weitergeben. Mein Tipp: Lesen.

10.8 *Die Zeichenschablone der VdS-Fachgruppe „Visuelle Deep-Sky-Beobachtung". Am besten mit dem Kopierer auf ein A4-Blatt vergrößern und dann benutzen.*

Sonne, Mond und Planeten

Der Sternenhimmel um 22 Uhr MEZ

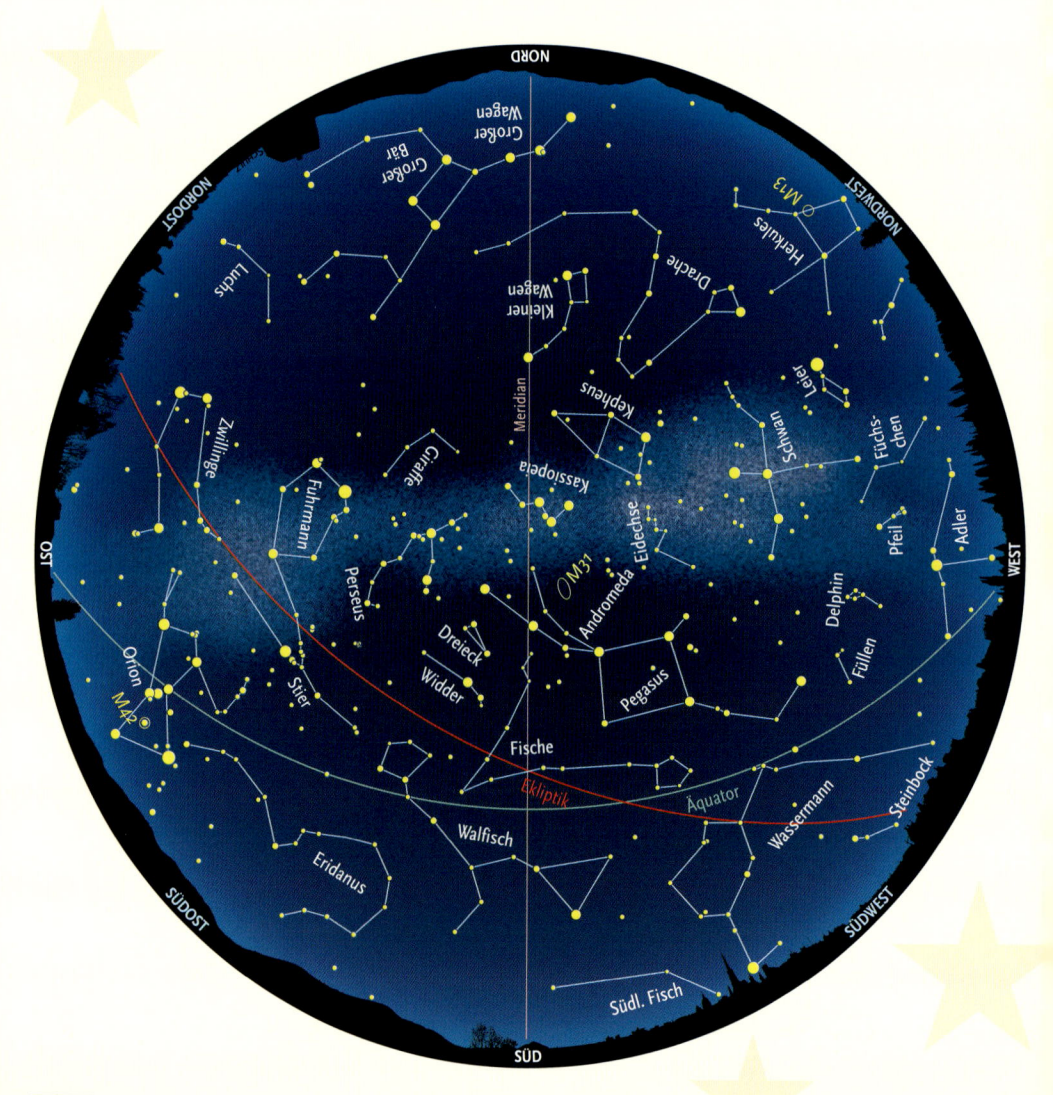

November 2006

im November 2006

Merkur im Sternbild Waage zeigt die beste Sichtbarkeitsperiode des Jahres. In den Tagen um den 25. herum geht er bereits zu Beginn der Morgendämmerung gegen 5:50 Uhr auf. Die Planeten Venus, Mars und Jupiter bleiben unbeobachtbar. Saturn im Sternbild Löwe entwickelt sich hingegen prächtig: Er geht zur Monatsmitte bereits kurz nach 23 Uhr auf und nähert sich langsam Regulus, dem Hauptstern des Löwen.

Datum		Sonne Aufg. h m	Unterg. h m	Mond Aufg. h m	Unterg. h m	Aktuelles Ereignis h m	
Mi	1.	7:09	16:57	15:16	v1:19		
Do	2.	7:11	16:56	15:30	2:46		
Fr	3.	7:13	16:54	15:45	4:12		
Sa	4.	7:14	16:52	16:02	5:41		
So	5.	7:16	16:51	16:23	7:12	13:58	Vollmond
Mo	6.	7:18	16:49	16:51	8:44	18:00	Mond am Ostrand der Plejaden (nach einer Bedeckung in der hellen Abenddämmerung)
Di	7.	7:19	16:48	17:30	10:11		
Mi	8.	7:21	16:46	18:23	11:25		
Do	9.	7:23	16:45	19:29	12:22		
Fr	10.	7:24	16:43	20:43	13:03		
Sa	11.	7:26	16:42	21:59	13:31		
So	12.	7:27	16:40	23:13	13:51	18:45	Letztes Viertel
Mo	13.	7:29	16:39	–	14:07	2:08	Mond 1° nördlich von Saturn (0^m,5)
Di	14.	7:31	16:38	0:24	14:19		
Mi	15.	7:32	16:36	1:33	14:30		
Do	16.	7:34	16:35	2:41	14:41		
Fr	17.	7:36	16:34	3:48	14:53	ab	22:30 Maximum Leoniden-Meteorschauer, ab 5 Uhr stört der Mond, Radiant Sternbild Löwe, ca. 30 Meteore/Std., Gesamtsichtbarkeit 14.–19.11.
Sa	18.	7:37	16:33	4:58	15:05	5:30	Mond 2° südöstlich von Spica, Sternbild Jungfrau
So	19.	7:39	16:31	6:10	15:21		
Mo	20.	7:40	16:30	7:25	15:42	23:18	Neumond
Di	21.	7:42	16:29	8:40	16:11		
Mi	22.	7:43	16:28	9:52	16:52		
Do	23.	7:45	16:27	10:54	17:47		
Fr	24.	7:47	16:26	11:43	18:57		
Sa	25.	7:48	16:26	12:19	20:17	6:30	Merkur (–0^m,4/6,8″) in größter westl. Elongation (20°), in der Morgendämmerung, Höhe 5°, zu 60% beleuchtet
So	26.	7:49	16:25	12:45	21:40		
Mo	27.	7:51	16:24	13:05	23:04		
Di	28.	7:52	16:23	13:21	–	7:29	Erstes Viertel
Mi	29.	7:54	16:22	13:36	0:27		
Do	30.	7:55	16:22	13:50	1:51		

Planeten sind Wandelsterne, Kleinplaneten auch ...

Der Sternenhimmel sieht – abgesehen von seiner täglichen und jährlichen Drehung – eigentlich immer gleich aus. Daher stürzen sich viele Sternfreunde vor allem auf jene Objekte am Himmel, die eben nicht immer gleich aussehen: Kometen, Kleinplaneten und Planeten. Kometen waren Thema im April, in diesem Monat geht es um Planeten und Kleinplaneten.

11.1 Mars überholt Saturn in der Nähe von M 44 im Krebs vom 12. bis 22.6. Größte Annäherung am 17. Juni in der Abenddämmerung gegen 22:30 MEZ über dem WNW-Horizont.

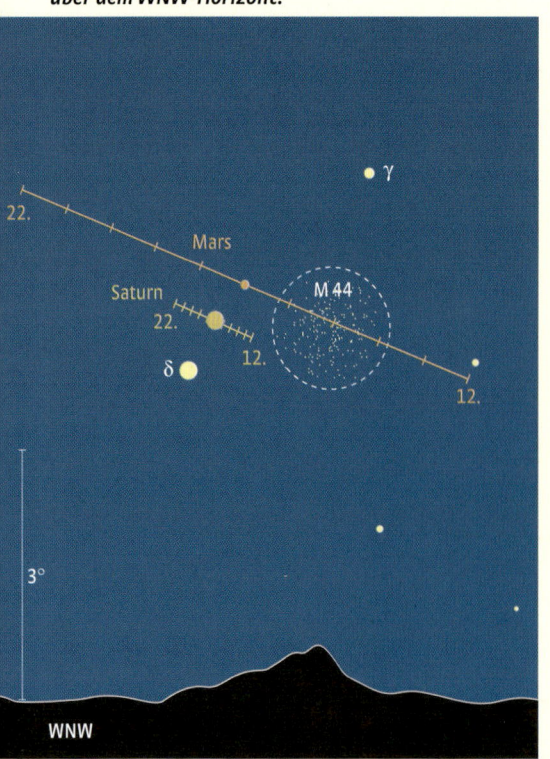

11.2 So überholt Venus den Planeten Saturn vom 23. bis 30.8. Blick in der Morgendämmerung gegen 4:10 MEZ zum ONO-Horizont.

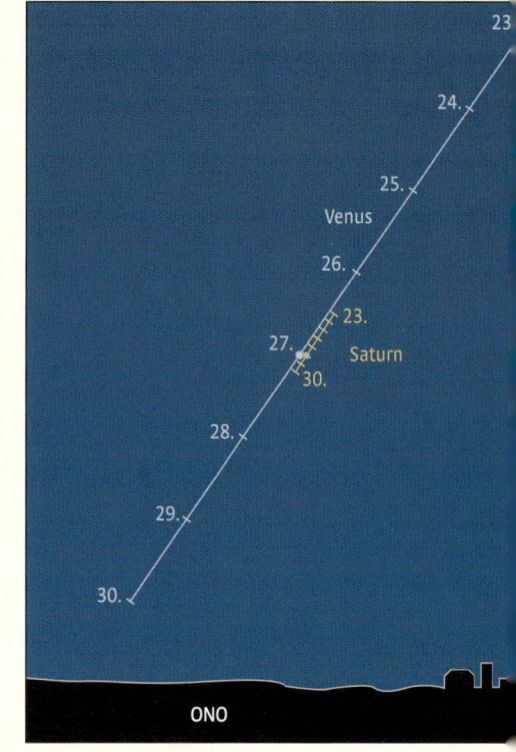

Planeten

Dass wir mit einem Teleskop bei vielen Planeten Oberflächendetails erkennen können, ist bekannt: die Phasengestalten von Merkur und Venus (selbst von Mars), Jahreszeiteneffekte, Sturmwolken, die Planetenmonde. Man kann die beobachteten Details anschauen, beschreiben, zeichnen, fotografieren, auf Video aufzeichnen. Aber die Planeten bieten auch etwas für das unbewaffnete Auge: Wir können ihre Bewegung verfolgen, so wie es z. B. Tycho Brahe und Johannes Kepler Ende des 16. Jahrhunderts getan haben. Beobachtungen, aus denen Kepler seine berühmten drei Gesetze ableitete.

Immer dann, wenn ein Planet an einer markanten Stelle des Sternenhimmels vorbeizieht, fällt uns seine gar nicht so langsame Bewegung plötzlich auf. In der Tabelle unten habe ich Ihnen für dieses Jahr die schönsten Begegnungen von Planeten mit anderen Himmelsobjekten aufgelistet. Interessant davon finde ich die mehrfachen Begegnungen von Jupiter mit dem Stern α Librae im Sternbild Waage, von Saturn mit dem Sternhaufen M 44 im Sternbild Krebs, und natürlich die dynamischen Situationen, wenn ein schnellerer Planet einen langsameren überholt. So vom 12. bis 22.6., wenn am Abendhimmel Mars Saturn passiert,

Begegnungen von Planeten mit anderen Himmelsobjekten 2006

Datum		MEZ	
Fr	13.1.	6:15	Jupiter ($-1^m\!8$) 0,7° nördlich des Doppelsterns α Librae ($2^m\!7$), Sternbild Waage
Mi	20.1.	18:30	Neptun ($7^m\!9$) 1,1° nördlich des Sterns ι Capricorni ($4^m\!3$), Sternbild Steinbock
Mi	1.2.		Saturn ($-0^m\!2$) im offenen Sternhaufen M 44, Sternbild Krebs
Mo	17.4.	22:00	Mars ($1^m\!3$) 0,7° nördlich des Sternhaufens M 35 ($5^m\!1$), Sternbild Zwillinge
Di	25.4.	2:30	Jupiter ($-2^m\!4$) 1,0° nördlich des Doppelsterns α Librae ($2^m\!7$), Sternbild Waage
Sa	3.6.	23:30	Saturn ($0^m\!3$) im offenen Sternhaufen M 44, Sternbild Krebs
Sa	17.6.	22:30	Mars ($1^m\!7$) 35′ (0,6°) nördlich von Saturn ($0^m\!3$), am Ostrand des Sternhaufens M 44, Sternbild Krebs, Nordwest-Horizont, Höhe 6°, Dämmerung! (vgl. Abb. 11.1)
Sa	15.7.	23:45	Pluto ($14^m\!0$) 21′ (0,3°) südlich des Sterns ξ Serpentis ($3^m\!5$), Sternbild Schlange, Dämmerung
Fr	4.8.	21:00	Neptun ($7^m\!8$) 1,1° nördlich des Sterns ι Capricorni ($4^m\!3$), Sternbild Steinbock
Sa	26.8.	4:10	Enge Begegnung von Venus ($-3^m\!9$) und Saturn ($0^m\!4$), Abstand 10,7′, 2° Höhe, Nordost, Morgendämmerung (vgl. Abb. 11.2)
Di	5.9.	21:00	Uranus ($5^m\!7$) 1,2° östlich von λ Aquarii ($3^m\!7$) und 28″ südwestlich von PPM206970 ($9^m\!2$), Sternbild Wassermann (wegen fast voller Mondphase schwierig!)
Di	12.9.	20:00	Jupiter ($-1^m\!8$) 0,5° nördlich des Doppelsterns α Librae ($2^m\!7$), Sternbild Waage, Dämmerung!, Höhe 4°, Südwest-Horizont
Mi	4.10.	0:30	Uranus ($5^m\!7$) 25′ (0,4°) südlich des Sterns λ Aquarii ($3^m\!7$), Sternbild Wassermann, Mondlicht!
Mo	11.12.	7:15	Mars ($1^m\!5$) 49′ (0,8°) südlich von Jupiter ($-1^m\!7$), helle Dämmerung!
Mo	11.12.	7:15	Merkur ($-0^m\!5$) 43′ (0,7°) östlich von Jupiter, helle Dämmerung!, Höhe 3°, Südost-Horizont
Mi	20.12.	18:30	Neptun ($7^m\!9$) 1,1° nördl. des Sterns ι Capricorni ($4^m\!3$), Sternbild Steinbock

und vom 23. bis 30.8., wenn diesmal Venus an Saturn vorbeizieht. Leider finden beide Überholvorgänge in der Dämmerung statt. Aber schauen Sie doch einmal gezielt hin!

Kleinplaneten

Der erste Kleinplanet wurde am 1. Januar 1801 von Piazzi entdeckt und erhielt den Namen (1) Ceres. Dieser etwa 950 km durchmessende Vertreter seiner Klasse von Himmelskörpern (andere Bezeichnungen sind „Asteroiden" oder „Planetoiden") zieht eine kreisähnliche Bahn zwischen Mars und Jupiter in einer mittleren Sonnenentfernung von 2,8 AE (AE = Astronomische Einheit = die mittlere Entfernung Erde-Sonne = 149,6 Mio. km).

Heute sind von mehr als 6000 Kleinplaneten die Bahnen genau bekannt. Die meisten von ihnen sind in derselben Zone wie Ceres angesiedelt – man spricht daher auch vom Asteroidengürtel um die Sonne. (1) Ceres ist auch der größte Kleinplanet. Die meisten sind viel kleiner und besitzen z. T. eine stark von der Kugelform abweichende Gestalt. Nach Schätzungen gibt es etwa 50.000 Kleinplaneten, die größer als 1 km sind.

Wegen ihrer relativ geringen Größe sind Kleinplaneten lichtschwache Objekte. Doch kann man die hellsten von ihnen mit einem Feldstecher erkennen, wenn sie in Erdnähe, d.h. in Oppositionsstellung zur Sonne gelangen. Selbst im Amateurteleskop bei höchster sinnvoller Vergrößerung

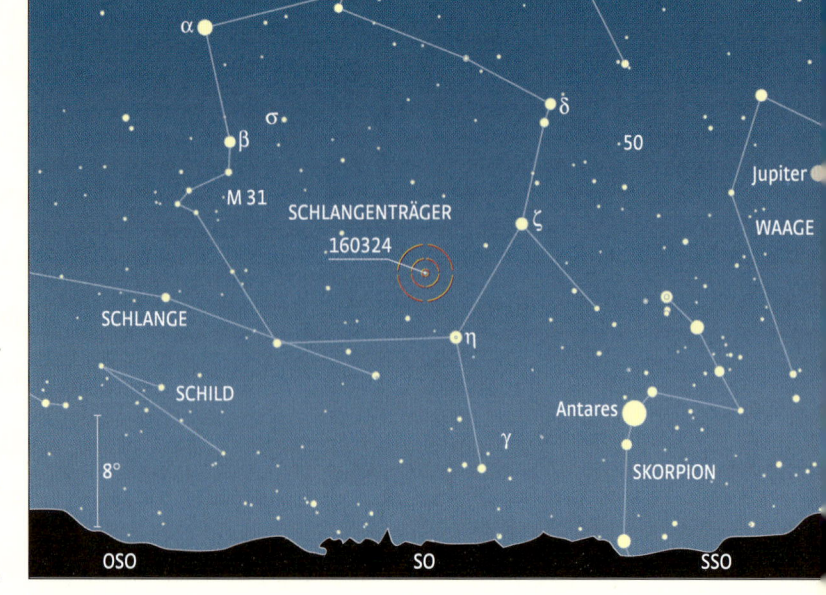

11.3 Blick in die Sternbilder Schlangenträger und Waage, Aufsuchkarte für die Sterne 50 Librae, σ (sigma) Ophiuchi und SAO 160324. Vgl. Abbildungen 11.4, 11.5 und 11.6.

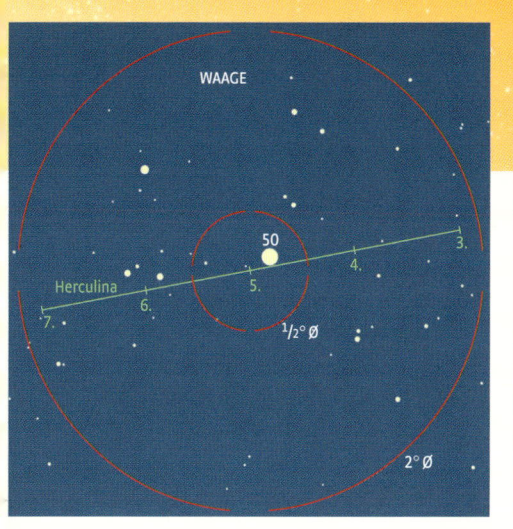

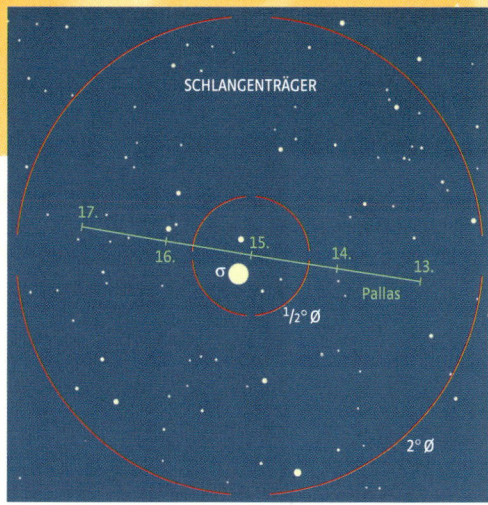

11.4 (oben links) So wandert der Kleinplanet (532) Herculina am 5^{m}5 hellen Stern 50 Librae vorüber. Markiert sind die Positionen des Kleinplaneten vom 3. bis 7.1. jeweils um 6:20 MEZ. Aufsuchkarte zu 50 Lib s. Abb. 11.3.

11.5 (oben rechts) Kleinplanet (2) Pallas zieht an σ Oph vorüber. Positionen vom 13. bis 17.1. jeweils um 6:00 MEZ. Aufsuchkarte zu σ Oph s. Abb. 11.3.

unterscheiden sich die Kleinplaneten nicht von einem Stern – sie sind punktförmig. Um sie zu identifizieren, brauchen wir eine genaue Sternkarte mit der berechneten Position des beweglichen Objekts.

11.6a (rechts Mitte) Kleinplanet (532) Herculina zieht am Stern SAO 160324 im Schlangenträger vorbei. Positionen vom 13. bis 17.2. jeweils um 5:00 MEZ. Aufsuchkarte zu SAO 160324 s. Abb. 11.3.

11.6b (rechts) Bei maximaler Vergrößerung ist die Bewegung von (532) Herculina relativ zum Stern SAO 160324 am 15.2. von 3:30 bis 4:00 MEZ gut zu verfolgen.

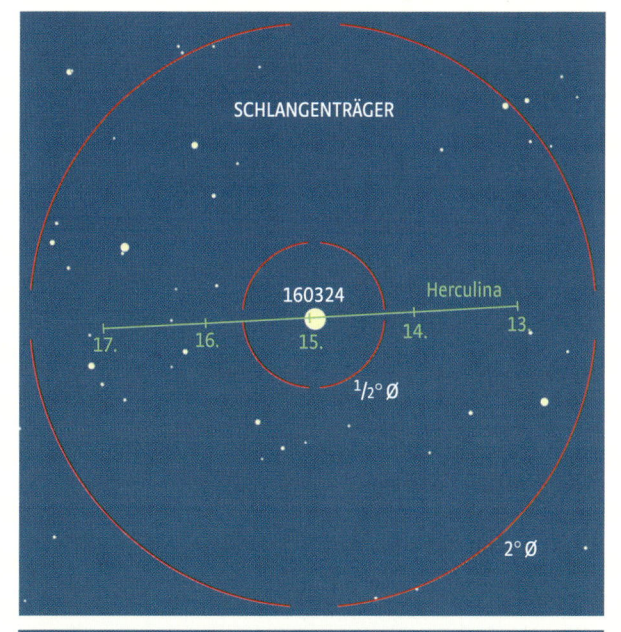

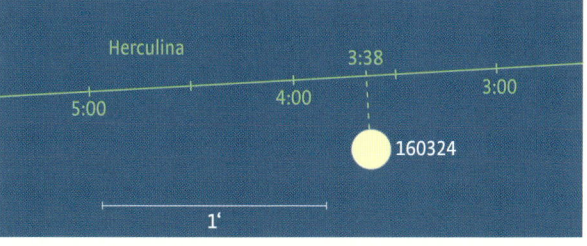

November 2006

11.7a Sternbild Löwe (lat.: Leo), Aufsuchkarte für den Stern θ Leonis.

11.7b (9) Metis zieht am 25.2. am hellen Stern θ Leonis vorbei. Positionen vom 21. bis 28.2., jeweils um 20:00 MEZ.

Interessant ist es dann, die Bewegung eines Kleinplaneten zu verfolgen, was augenscheinlich nur möglich ist, wenn in der Umgebung des Objektes Sterne zu finden sind, an denen sich die Bewegung feststellen lässt. Um das Auffinden und das Verfolgen der Kleinplaneten zu erleichtern, habe ich Beobachtungsmöglichkeiten ausgewählt, bei denen ein Kleinplanet dicht an einem relativ hellen Stern vorüberzieht. Diese alle mit bloßem Auge erkennbaren Sterne können wir anhand der hier dargestellten Aufsuchkarten auffinden. Leider reicht der Platz nicht für alle aufgelisteten Begegnungen aus. Wenn Sie einen detaillierten Sternatlas oder aber eine geeignete PC-Software zur Verfügung haben, so können Sie sich für weitere Begegnungen Aufsuchkarten selbst erstellen. Wichtig dafür ist, dass die schwächsten dargestellten Sterne höchstens so hell sein sollten wie das zu findende Objekt, eher etwas schwächer.

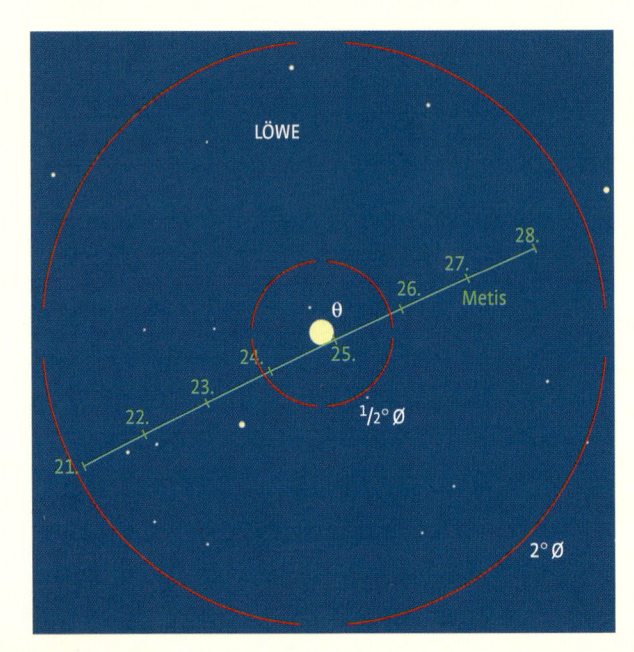

Stellen wir den Zielstern mit unserem Teleskop zu geeigneter Zeit ein, so sollte durch Vergleich der Sternmuster in der Detailkarte und des im Okular sichtbaren Sternfeldes der Kleinplanet identifizierbar sein. Lassen wir uns bei der Beobachtung viel Zeit, so wird erkennbar sein, dass sich der betreffende Kleinplanet langsam vor dem Hintergrund der fernen Sterne bewegt.

Je enger der Vorübergang des Kleinplaneten an einem Stern ist, umso

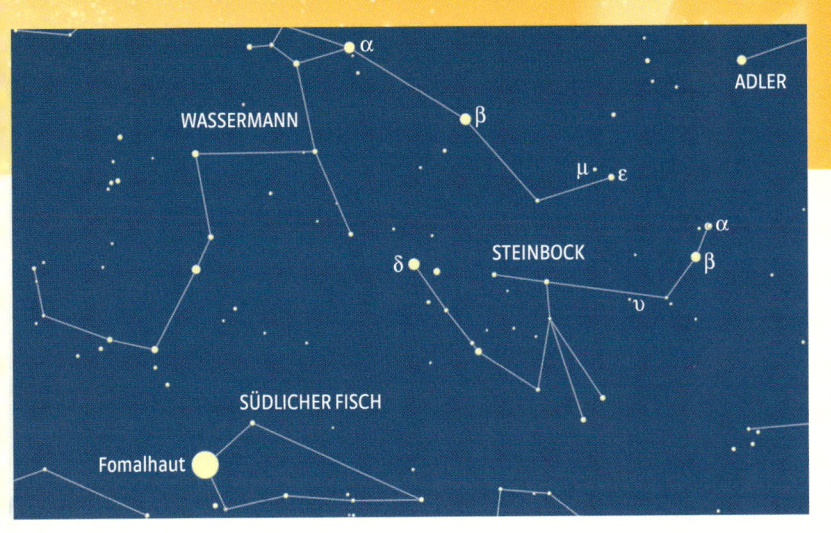

11.8 Sternbilder Wassermann und Steinbock, Aufsuchkarte für die Sterne υ Capricorni und ε bzw. μ Aquarii. Vgl. Abb. 11.9 und 11.10.

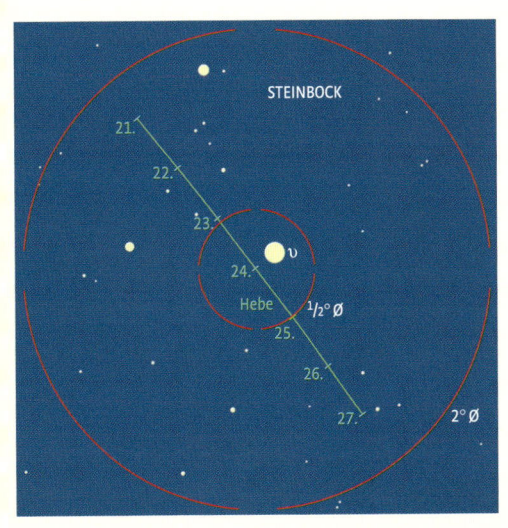

11.9 (unten links) Kleinplanet (6) Hebe zieht am 24.8. am Stern υ Cap vorbei. Positionen vom 21. bis 27. 8., jeweils um 1:00 MEZ markiert.

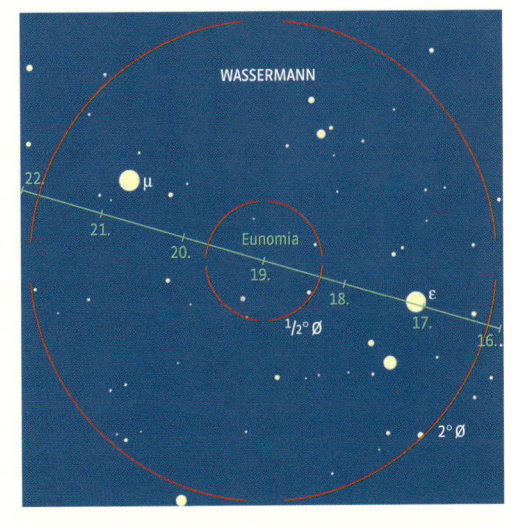

11.10 Kleinplanet (15) Eunomia zieht an den Sternen ε und μ Aqr vorbei. Positionen vom 16. bis 22.11. jeweils um 19:00 MEZ markiert.

leichter ist die Bewegung erkennbar. In Tabelle S. 110/111 habe ich Begegnungen von Kleinplaneten, die heller als 11. Größenklasse sind, mit anderen Himmelsobjekten chronologisch aufgelistet. Interessant sind vor allem Begegnungen, bei denen der Abstand vom Stern nur wenige Bogensekunden beträgt. So wie z. B. am 15.2., 15.10. oder 17.11. Leider sind die daran beteiligten Kleinplaneten mit rund 10^m Helligkeit durchweg schwach. Wir benötigen dafür schon ein Teleskop mit einem Durchmesser von mindestens 90 mm Öffnung.

Eine mit 3,2′ Abstand etwas weite Begegnung, die von (9) Metis bei ϑ Leonis am 25.2., ist einfacher zu beobachten. Metis ist immerhin 9^{m}2 hell, so dass bei dunklem Himmel 70 mm Teleskopdurchmesser ausreichen dürften. Und ϑ Leo ist mit 3^{m}2 einfach zu finden, da er einer der Hauptsterne im Löwen ist. Dazu kann

die Beobachtung bequem am Abendhimmel stattfinden.
Die in den Detailkarten zusammen mit der Kleinplanetenbahn eingetragenen Kreise haben Winkeldurchmesser von 0,5° (Vollmonddurchmesser) und 2°. So hat man einen Größenmaßstab. Die eingezeichneten Bahnen sind mit Zeitmarken versehen. Im Falle von Metis/ϑ Leo soll dies bedeuten, dass man schon einige Tage zuvor und noch einige Tage nach der Begegnung hinschauen kann, wo der Kleinplanet relativ zum Stern steht. Die Position verändert sich schnell von Tag zu Tag. Versuchen Sie es doch einmal. Es ist klar, die Kleinplaneten sind lichtschwach, doch bei diesen aufgeführten Begebenheiten sind sie gut zu finden. Und haben wir einmal einen Asteroiden gefunden, so können wir „kosmische Dynamik" erleben. Die kann man nicht fotografieren, nur anschauen. Es gibt zahlreiche Amateure, die sich der Kleinplanetenbeobachtung verschrieben haben. Sei es, um Positionen zu vermessen und damit Bahnen zu bestimmen. Sei es, um Lichtwechsel zu verfolgen, um die Rotation zu ermitteln. Oder sei es, um neue Kleinplaneten zu entdecken, was gar nicht so schwierig ist, wenn man die richtige Technik einsetzt.

Wenn Sie sich für dieses Thema genauer interessieren, dann schauen Sie einmal auf der Homepager der VdS-Fachgruppe Kleinplaneten vorbei: *www.kleinplanetenseite.de*. Hier bekommt man Informationen und Beobachtungshinweise.

Enge Begegnungen von Kleinplaneten mit anderen Himmelsobjekten

Datum		MEZ	
Do	5.1.	6:20	Kleinplanet (532) Herculina (10^{m}8) 6,3' (0,1°) östlich des Sterns 50 Librae (5^{m}5), Sternbild Waage (vgl. Abb. 11.4)
So	15.1.	6:00	Kleinplanet (2) Pallas (10^{m}2) 5' (0,1°) nordwestlich des Sterns σ Ophiuchi (4^{m}3), Sternbild Schlangenträger (vgl. Abb. 11.5)
Do	26.1.	6:00	Kleinplanet (532) Herculina (10^{m}8) 49' (0,8°) nördlich des Sterns ζ Ophiuchi (2^{m}5), Sternbild Schlangenträger
Fr	27.1.	5:00	Kleinplanet (2) Pallas (10^{m}2) 27' (0,5°) nördlich des Sterns β Ophiuchi (2^{m}7) und 1° südöstlich des offenen Sternhaufens IC 4665, Sternbild Schlangenträger
So	29.1.	19:00	Kleinplanet (4) Vesta (6^{m}8) 44' (0,7°) südlich des Sterns ε Geminorum (3^{m}0), Sternbild Zwillinge
Mo	30.1.	5:00	Kleinplanet (2) Pallas (10^{m}2) am Südrand des offenen Sternhaufens IC 4665 (4^{m}2), Sternbild Schlangenträger
Mi	15.2.	3:38	Kleinplanet (532) Herculina (10^{m}7) 19" (0,005°) nördlich des Sterns SAO 160324 (PPM 232685, 5,4), Sternbild Schlangenträger (vgl. Abb. 11.6)
Sa	25.2.	20:00	bis 5:00, Kleinplanet (9) Metis (9^{m}2) zieht südwestlich am Stern J Leonis (3^{m}3) vorbei, Abstand um 20 Uhr 3,2', um 5 Uhr 8,3', Sternbild Löwe (vgl. Abb. 11.7)
Do	2.3.		Kleinplanet (9) Metis (9,1) Sternbild Löwe, 1,1° nordwestlich des Sterns J Leonis (3^{m}3)
Mi	22.3.	1:00	Kleinplanet (4) Vesta (7^{m}7) 41' (0,7°) nördlich des Sterns e Geminorum (3^{m}0), Sternbild Zwillinge

Enge Begegnungen von Kleinplaneten mit anderen Himmelsobjekten

Datum		MEZ	
Mi	26.4.	21:45	Kleinplanet (4) Vesta (8ᵐ1) 17′ (0,3°) nordöstlich des Sterns 57 Geminorum (5ᵐ0), Sternbild Zwillinge
Mi	10.5.	22:30	Kleinplanet (4) Vesta (8ᵐ2) 18′ (0,3°) nördlich des Sterns κ Geminorum (3ᵐ6), Sternbild Zwillinge
Mo	29.5.	1:00	Kleinplanet (2) Pallas (9ᵐ7) 15′ (0,25°) südwestlich des Sterns 113 Herculi (4ᵐ6), Sternbild Herkules
Fr	16.6.		Kleinplanet (532) Herculina (9ᵐ2) 12′ (0,2°) südlich des Sterns o Serpentis (4ᵐ2) Sternbild Serpens
Do	6.7.	0:30	Kleinplanet (7) Iris (9ᵐ7) 13′ (0,2°) nördlich des Sterns η Piscis (3ᵐ6), Sternbild Fische
Do	6.7.	0:56	Kleinplanet (29) Amphitrite (9ᵐ5) am Nordrand des Kugelsternhaufens M 55 (6ᵐ3), Sternbild Schütze
Sa	22.7.	0:33	Kleinplanet (7) Iris (9ᵐ5) 26′ südöstlich der Galaxie NGC 772 (11ᵐ1), Sternbild Widder
Mo	31.7.	1:00	Kleinplanet (6) Hebe (8ᵐ0) 25′ (0,4°) südöstlich des offenen Sternhaufens M 73 (8ᵐ9), Sternbild Wassermann
Sa	5.8.		Kleinplanet 6-Hebe (7ᵐ8), Sternbild Wassermann, 1,6° südwestlich des offenen Sternhaufens M 73 (8ᵐ9), 1,6° südöstlich des Kugelhaufens M 72 (9ᵐ3)
So	6.8.	22:30	Kleinplanet (10) Hygiea (9ᵐ9) 15′ (0,25°) südlich des Sterns π Sagittarii (2ᵐ9), Sternbild Schütze
Di	8.8.	22:30	Kleinplanet (15) Eunomia (8ᵐ5) 52′ (0,9°) nördlich des Sterns β Capricorni (3ᵐ1) und 1,2° südlich des Sterns n Capricorni (4ᵐ8), Sternbild Steinbock
Sa	19.8.	22:00	Kleinplanet (29) Amphitrite (10ᵐ0) 30′ (0,5°) südwestlich des Sterns ζ Sagittarii (2ᵐ6) und 1,3° östlich des Kugelhaufens M 54 (7ᵐ6), Sternbild Schütze
Do	24.8.	1:00	Kleinplanet (6) Hebe (8ᵐ2) 6′ (0,1°) südöstlich des Sterns υ Capricorni (5ᵐ1), Sternbild Steinbock (vgl. Abb. 11.9)
So	24.9.	20:00	Kleinplanet (10) Hygiea (10ᵐ8) 14′ (0,25°) nördlich des Sterns π Sagittarii (2ᵐ9), Sternbild Schütze
Do	12.10.	19:30	Kleinplanet (532) Herculina (11ᵐ3) vor dem Gasnebel M 8 (Lagunennebel), Sternbild Schütze, s.a. 13.10.
So	15.10.	20:56	Kleinplanet (2) Pallas (10ᵐ4) 17″ (0,005°) nördlich des Sterns SAO 123499 (PPM 165852, 8ᵐ2), und 15′ (0,25°) südwestlich des Sterns SAO 123516 (PPM165881, 5ᵐ7), und 24′ (0,4°) südlich des offenen Sternhaufens NGC 6633 (4ᵐ6), Sternbild Schlange
Fr	17.11.	21:16	Kleinplanet (15) Eunomia (9ᵐ9) 39″ (0,01°) südlich des Sterns e Aquarii (3ᵐ8), Sternbild Wassermann (vgl. Abb. 11.10)
Mo	20.11.	18:30	Kleinplanet (6) Hebe (9ᵐ7) 30′ (0,5°) nördlich des Kugelhaufens M 30 (7ᵐ2) und 45′ nordwestlich des Sterns 41 Capricorni (5ᵐ2), Sternbild Steinbock
Di	21.11.	18:30	Kleinplanet (15) Eunomia (9ᵐ9) 11′ (0,2°) südöstlich des Sterns μ Aquarii (4ᵐ7), Sternbild Wassermann (vgl. Abb. 11.10)
So	26.11.	18:30	Kleinplanet (2) Pallas (10ᵐ6) 49′ (0,6°) südwestlich des Sterns 21 Aquilae (5ᵐ1), und 39′ (0,6°) nördlich des Kugelsternhaufens NGC 6760 (8ᵐ9), Sternbild Adler, vgl. auch 27.11.
Sa	16.12.	19:00	Kleinplanet (15) Eunomia (10ᵐ1) 32′ (0,5°) südlich des Sterns β Aquarii (2ᵐ9), Sternbild Wassermann
Do	28.12.	18:30	Kleinplanet (2) Pallas (10ᵐ5) 28′ (0,5°) südlich des Sterns ε Aquilae (4ᵐ0) und 38′ nordwestlich des Sterns 58 Aquilae (5ᵐ6), Sternbild Adler

November 2006

Sonne, Mond und Planeten

Der Sternenhimmel um 22 Uhr MEZ

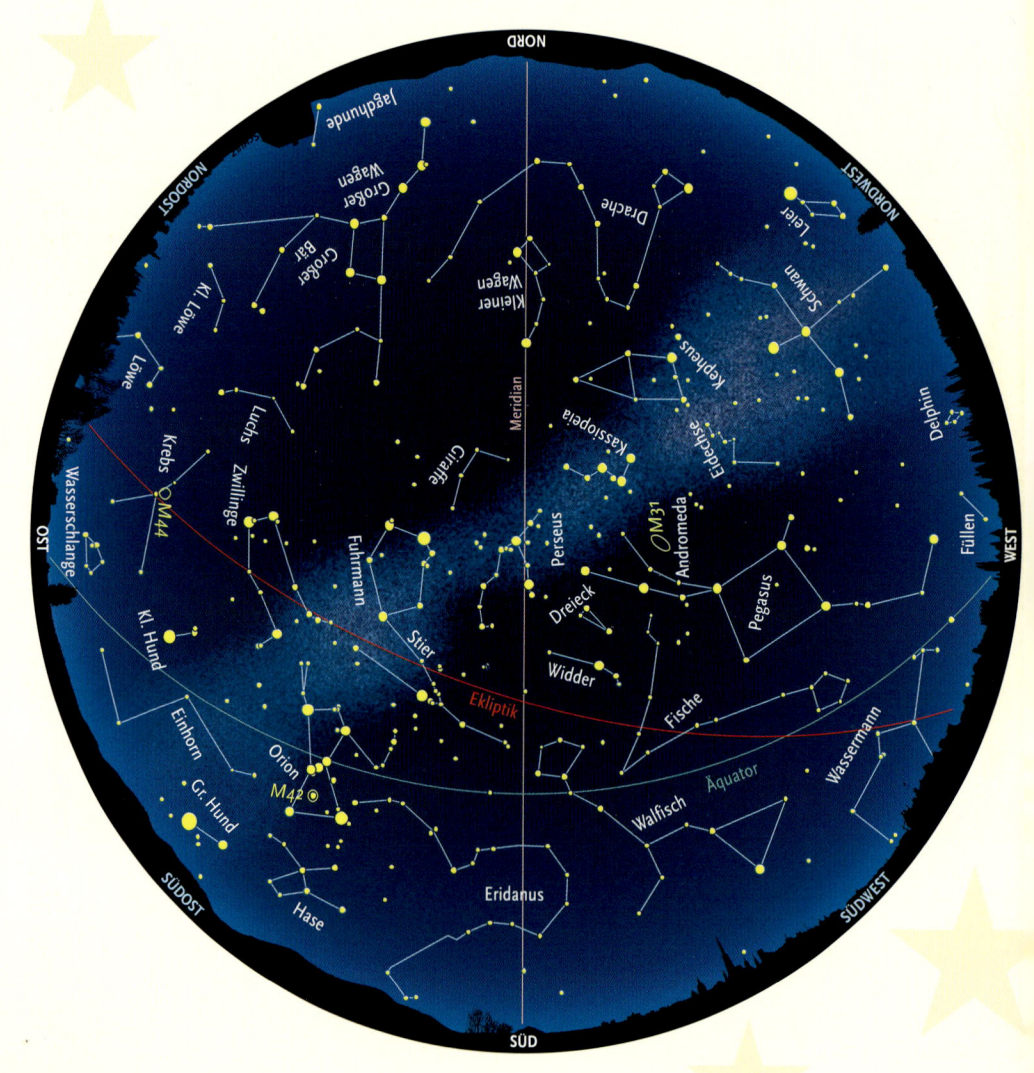

112 Dezember 2006

im Dezember 2006

Merkur könnte mit Glück noch in den ersten Tagen des Monats am Morgenhimmel gesehen werden, Aufgang gegen 6 Uhr in der Morgendämmerung. Venus ist zwar Abendstern, kann aber nur kurz nach Sonnenuntergang tief im Südwesten gefunden werden. Mars und Jupiter im Sternbild Skorpion sind zur Monatsmitte dicht beieinander in der hellen Morgendämmerung am Südosthorizont erkennbar. Saturn im Sternbild Löwe geht zur Monatsmitte schon gegen 21:30 auf.

Datum		Sonne Aufg. h m	Unterg. h m	Mond Aufg. h m	Unterg. h m	Aktuelles Ereignis h m	
Fr	1.	7:56	16:21	14:05	3:15		
Sa	2.	7:58	16:21	14:24	4:42		
So	3.	7:59	16:20	14:48	6:11		
Mo	4.	8:00	16:20	15:21	7:40	4:00	bis 6:42: Plejaden-Bedeckung durch den Mond, Sternbild Stier, Mondalter 13,3d, zu 98,8% beleuchtet
Di	5.	8:02	16:19	16:07	9:01	1:25	Vollmond
Mi	6.	8:03	16:19	17:08	10:07		
Do	7.	8:04	16:19	18:20	10:56	23:38	Mond 2,5° südlich von Pollux, Sternbild Zwillinge
Fr	8.	8:05	16:18	19:38	11:29		
Sa	9.	8:06	16:18	20:54	11:53		
So	10.	8:07	16:18	22:08	12:11	23:00	Mond 1,3° östlich von Regulus, Sternbild Löwe
Mo	11.	8:08	16:18	23:18	12:25	7:15	Mars (1♏5) 49′ (0,8°) südlich von Jupiter (−1♏7)
						7:15	Merkur (−0♏5) 43′ (0,7°) östlich von Jupiter, SO-Horizont
Di	12.	8:09	16:18	–	12:37	15:32	Letztes Viertel
Mi	13.	8:10	16:18	0:27	12:48		
Do	14.	8:11	16:18	1:34	12:59	ca. 9 Uhr	Maximum Geminiden-Meteorschauer, ideal ca. 6 Uhr, ca. 110 Meteore/Std., Sichtbarkeit 10.–16.
Fr	15.	8:12	16:18	2:43	13:11	6:30	Mond 2,1° westlich von Spica, Sternbild Jungfrau
Sa	16.	8:13	16:18	3:53	13:26		
So	17.	8:13	16:19	5:07	13:45		
Mo	18.	8:14	16:19	6:22	14:10		
Di	19.	8:15	16:19	7:37	14:47		
Mi	20.	8:15	16:20	8:44	15:37	15:01	Neumond
						18:30	Neptun (7♏9) 1,1° nördlich des Sterns i Capricorni (4♏3)
Do	21.	8:16	16:20	9:38	16:44		
Fr	22.	8:16	16:21	10:19	18:03	1:22	Winteranfang, Sonne im Solstitium, kürzester Tag
Sa	23.	8:17	16:21	10:49	19:27	ca.17 Uhr	Maximum Ursiden-Meteorschauer, ca. 20 Meteore/Std., Sichtbarkeit 20.–23.12.
So	24.	8:17	16:22	11:11	20:53		
Mo	25.	8:18	16:23	11:28	22:16		
Di	26.	8:18	16:23	11:43	23:39		
Mi	27.	8:18	16:24	11:56	–	15:48	Erstes Viertel
Do	28.	8:18	16:25	12:11	1:0		
Fr	29.	8:18	16:26	12:28	2:25		
Sa	30.	8:19	16:27	12:49	3:51		
So	31.	8:19	16:27	13:17	5:17		

Die *Justierung* des *Fernrohrs* selbst prüfen

Justierung? Was habe ich denn damit zu tun? So oder ähnlich fragen sich viele Einsteiger, die gerade ein Teleskop erworben haben und damit in die Geheimnisse des Universums eindringen wollen. Das Ding muss doch einfach nur funktionieren! Oder etwa nicht?

Das muss es leider nicht, jedenfalls nicht automatisch. Wie gut ein Teleskop „funktioniert", hängt nicht nur von der Güte der mechanischen Fertigung ab. Hier wird nämlich auch viel „geschludert". Um im Preiskampf um die Einsteiger die Kosten zu senken, werden minderwertige Bauteile verwendet oder die Bauteile passen nicht richtig zusammen. Wenn man z. B. den Okularauszug des Teleskops hinein- oder herausdreht, darf kein Spiel dabei auftreten. Qualität kostet (wie überall im Leben) Geld. Was für die Mechanik gilt, behält auch für die Glasoptik seine Gültigkeit: Die Glasflächen der Linsen bei einem Refraktor (Linsenfernrohr) oder der Spiegel bei einem Reflektor (Spiegelteleskop) müssen ausreichend genau geschliffen und poliert sein, um ein scharfes Bild erzeugen zu können. Billige Teleskope sind so oftmals auch „kleines Geld" nicht wert, weil entweder die Mechanik oder die Optik nur Schrottwert besitzen. Was nützt eine gute Mechanik, wenn die Optik nichts taugt, oder eine gute Optik, wenn die mechanischen Bauteile darum herum unzulänglich sind? Nichts. Hier freut sich höchstens der Bastlertyp unter uns. Ob ein Teleskop „gut" oder „schlecht" ist, hängt auch vom Anspruch des Beobachters ab. Letzt-

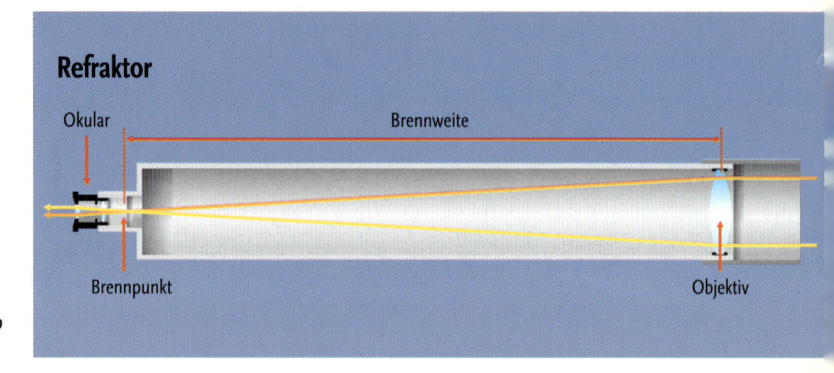

12.1 Strahlengang in einem Refraktor-Teleskop (Linsenfernrohr)

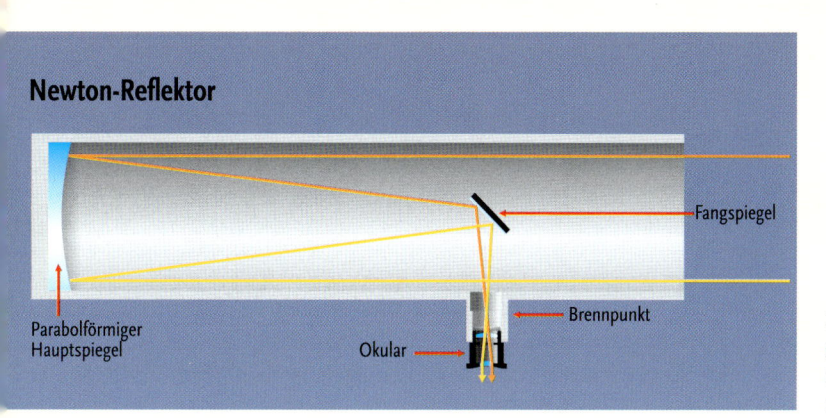

Newton-Reflektor

Parabolförmiger Hauptspiegel
Okular
Fangspiegel
Brennpunkt

12.2 Strahlengang in einem Reflektor-Teleskop vom Typ Newton.

endlich kann nur der Praxistest am nächtlichen Himmel Klarheit bringen. Selbst eigentlich hochwertige, teuer gekaufte Instrumente können den Beobachter enttäuschen, auch wenn Optik und Mechanik überzeugen. Warum? Es liegt an der Justierung des Teleskops.

Was heißt „Justierung"?

Jedes optische System hat eine optische Achse. Sie bestimmt sich aus der Verbindungslinie vom beobachteten Objekt zu den Mittelpunkten der optischen Bauteile. Sie geht bei einem Refraktor (Abb. 12.1) also durch den Mittelpunkt des Objektivs vorne, über den Mittelpunkt des Okular-Linsensystems hinten und weiter durch den Mittelpunkt der Augenlinse des Beobachters, die sich hinter dem Okular befindet. Bei einem Reflektor geht die optische Achse durch den Mittelpunkt der gekrümmten Spiegelfläche hinten, von dort zum Mittelpunkt des Fangspiegels vorne (Sekundärspiegel), weiter durch die Mitte des Okulars und dann durch die Augenlinse des Beobachters. Im Falle des unter Amateuren sehr weit verbreiteten „Newton-Teleskops" (Abb. 12.2) kann die optische Achse auch geknickt sein, wenn nämlich der Strahlengang durch den Sekundärspiegel zur Seite aus dem Tubus des Instrumentes herausgelenkt wird. Wichtig ist nun, dass alle optischen Bauteile exakt (!) auf der optischen Achse liegen und exakt (!) aufeinander ausgerichtet sind. Exakt heißt hier: nach Möglichkeit besser als 1/100 mm. Und genau das ist das Problem.

Jedes optische System, selbst mit perfekter Oberfläche, egal ob Refraktor oder Reflektor, ist nicht fehlerfrei. Das Bild eines Sterns kann unscharf oder verzerrt, das Gesichtsfeld deformiert sein. Ohne auf die optischen Bildfehler (sphärische Aberration, Koma, Astigmatismus, Bildfeldkrümmung, Verzeichnung) im Detail eingehen zu können, ist wichtig zu wissen, dass die Bildfehler exakt auf der optischen Achse minimal sind. Schauen wir also durchs Okular auf einen Stern, der exakt in der Bildmitte steht, so sollte

Seeing: schlecht — mittel — sehr gut

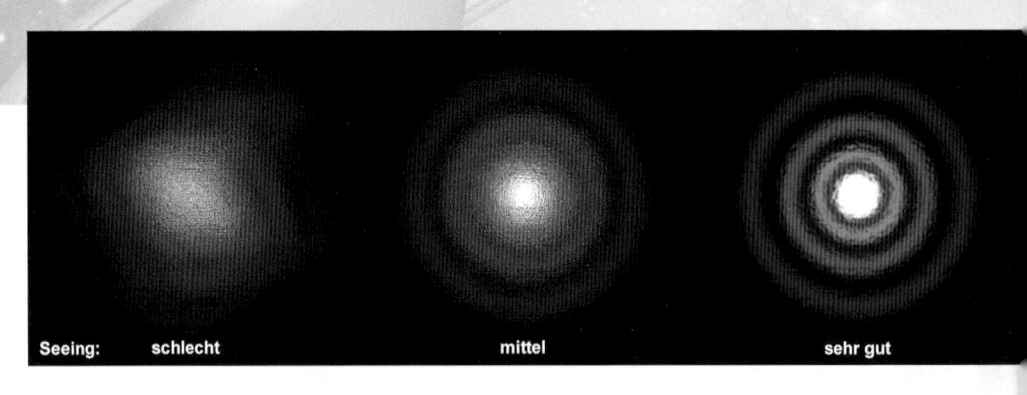

bei einer gut justierten Teleskopoptik (da haben wir es!) das Bild optimal scharf und störungsfrei sein. Die außerhalb der Bildmitte im Gesichtsfeld angeordneten Sternabbildungen unterliegen jedoch den oben genannten Bildfehlern. Und zwar umso mehr, je weiter sie von der Bildmitte entfernt sind. Sterne am Rand des Gesichtsfelds können also unscharf und/oder deformiert sein, obwohl das Objekt in der Bildmitte scharf erkennbar ist. Und das ist normal. Die Teleskophersteller entwickeln und bieten Instrumente und Zusatzoptiken an, die auch die Bildfehler am Rand des Gesichtsfeldes minimieren sollen.

Wie man sein Teleskop überprüft

Was aber nun, wenn selbst in der Bildmitte keine scharfe Sternabbildung zu bekommen ist? Vielleicht sind die Beobachtungsbedingungen zu ungünstig: Die Luftunruhe sorgt oft dafür, dass das Teleskop kein scharfes Bild liefern kann (Abb. 12.3). Das Flimmern der Luft erkennen wir an einem unscharfen, hin- und herzappelnden Sternscheibchen, das sich mal aufbläht, mal zusammenzieht. Furchtbar kann das aussehen! Wir sollten unser Teleskop in einer Nacht mit ruhiger Luft testen. Hochnebel-Wetterlagen sind dafür gut geeignet, klirrend kalte Winternächte weniger. Bei guter Luftruhe (engl.: Seeing) und guter, justierter Optik sollten bei hoher Vergrößerung zwei bis drei Beugungsringe um einen zentralen hellen Kreis erkennbar sein: Das Beugungsbild des Sterns ist das theoretisch schärfste Bild, das wir bekommen können. Ist die Luft ganz ruhig, aber das Sternbild im Okular immer noch unscharf? Vielleicht liegt es dann an einer unzureichenden Justierung der Optik. Wie können wir das prüfen?

Bei Refraktoren wird das meist zweilinsige Objektiv (drei oder gar vier Objektivlinsen sollen die Bildqualität verbessern, sind aber extrem teuer) ringsum vom Tubusrohr gehalten. Ist der Einbau im Herstellerwerk fehlerfrei erfolgt, so ist die Justierung des Objektivs parallel zur Achse des Rohres in Ordnung und sollte sich eigentlich niemals ändern. Der Autor besitzt einen 36 Jahre alten kleinen Refraktor der noch immer ein perfektes Bild liefert und noch nie nachjustiert werden musste. Wurde das Objektiv jedoch schlecht eingebaut oder aus irgendeinem Grund (z. B. zur Reinigung) mit seiner Fassung einmal herausgenommen und wieder eingesetzt, muss es neu justiert werden: Die Achse des

justiert   **dejustiert**

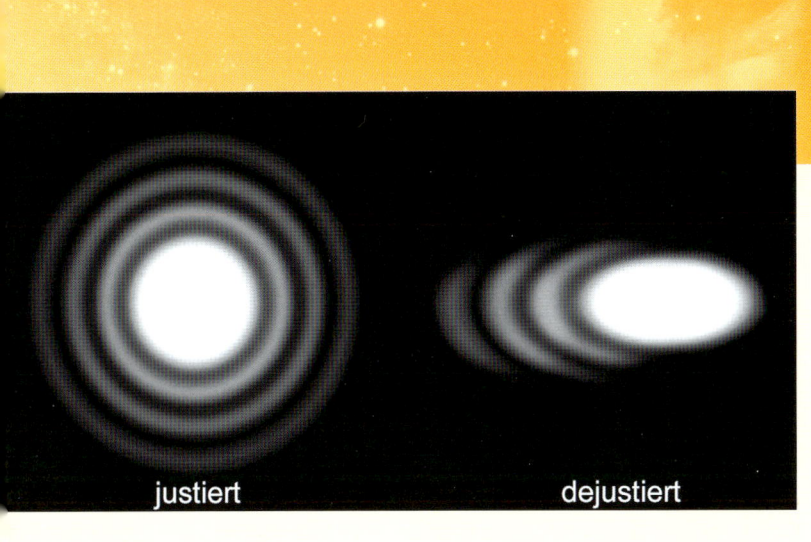

Objektivs muss genau auf die Mitte des Okulars am Ende des Tubus zeigen. Tipp: Niemals die Linsen aus der Objektivfassung nehmen! Das Zusammenbauen kann nur ein Fachmann übernehmen.

Es gibt zwei Möglichkeiten, eine dejustierte Optik zu erkennen, entweder an einem Stern oder mit einer Justierhilfe.

Abbildung 12.4 verdeutlicht, wie das im Idealfall von einem Teleskop erzeugte Beugungsbild eines Sterns durch eine dejustierte Optik verzerrt werden kann. Der Helligkeitsschwerpunkt wird aus der Mitte an den Rand der Figur verlagert. Das zentrale Helligkeitsmaximum wird kleiner, da die Helligkeit zum Teil in die Beugungsringe geht. Der Bildeindruck wird schlecht, selbst bei geringer Vergrößerung. Diese Beobachtung an einem Stern kann man natürlich nur bei guter Luftruhe machen, da sonst die Beugungsfigur verschmiert und nicht erkennbar wird.

Besser kann man die Justierung mit einem der auf dem Fachmarkt erhältlichen oder selbst gebauten Justierwerkzeuge prüfen: mit dem Chesire-Justierokular (Preis ca. 50 Euro) oder einem Laserjustierer (ca. 85 Euro). Herbert Zellhuber von der VdS-Fachgruppe „Amateurteleskope/Selbstbau" hat auf seiner Webseite (*www.zellix.de/ justieren.htm*) beschrieben, wie man Teleskope und Hilfsmittel wie das Chesire-Justierokular selbst bauen kann, und auch wie man damit umgeht. Alle diese Justierhilfen basieren auf demselben Prinzip: Licht wird durch den Okulareinblick auf die abbildende Optik geschickt und von der dortigen Oberfläche an den Ausgangspunkt reflektiert. Dort platzieren wir unser Auge oder eine Lichtauffangfläche und prüfen, ob der reflektierte Lichtstrahl tatsächlich wieder genau in die optische Achse reflektiert wird oder ob sein Auftreffpunkt daneben liegt. Bei der Verwendung eines Chesire-Justierokulars wird Tages- oder Taschenlampenlicht vom Okularende durch eine kleine Bohrung und an einem Fadenkreuz vorbei (das die Mitte markiert) nach vorn auf die Rückseite des Objektivs geschickt. Die Prüfung erfolgt durch Augenschein. Bei einem Justierlaser wird ein schmaler Laserstrahl in der optischen Achse nach vorn geschickt. Er wird von der lichtsammelnden Optik des Teleskops reflektiert und zurück nach hinten gespiegelt. Das Instrument ist dann richtig justiert, wenn die Reflexion mittig im Okulareinblick, d. h. in der optischen Achse erfolgt. Der Laserstrahl muss dann in sich selbst reflektiert werden. Falls das Teleskop dejustiert ist, müssen wir schrauben. Aber wo?

> **JUSTIERHILFE SELBST GEBAUT**
>
> Aus einem ausrangierten billigen Zenitspiegel kann man sich selbst eine Justierhilfe bauen (Abb. 12.5). An die Stelle des Okulars kommt ein Deckel mit einem Loch in der Mitte, das ein leuchtendes Birnchen aufnehmen kann. Dafür brauchen wir eine Stromversorgung, z. B. eine Batterie. Den Deckel mit dem Zenitspiegel dahinter nehmen wir ab und entfernen auch den Spiegel (oder das Prisma). Entweder wir benutzen den Zenitspiegel oder wir nehmen einen kleinen Taschenspiegel und entfernen in der Mitte die Verspiegelung, so dass wir von der Rückseite nach vorn in Richtung Teleskoptubus hindurchblicken können. Der Spiegel wird dann wieder bzw. neu angebracht. Die Durchblicköffnung sollte so genau wie möglich zur der Mitte der Öffnung zeigen, die nach vorn zum Objektiv gerichtet ist.
> Eine Einschränkung gibt es allerdings bei der Verwendung eines alten Zenitspiegels: Diese sind häufig schon selbst schlecht justiert. So kann dann zwar das Objektiv, nicht aber die Lage des Okularauszugs zuverlässig geprüft werden. Dazu wird dann das richtige Chesire-Okular mit Fadenkreuz benötigt.

Teleskopjustage in der Praxis

Bei einem Refraktor haben wir keine spiegelnde Oberfläche. Bei der Verwendung eines Chesire-Justierokulars, bei dem Licht vom Okularende nach vorn auf die Rückseite des Objektivs geschickt wird, muss daher ein Trick angewandt werden. Vorne vor das Objektiv setzen wir eine schwarze Pappe mit einem aufgemalten hellen Punkt. Und zwar so, dass der helle Punkt genau in die Mitte des Objektivs zu liegen kommt. Blicken wir beim Justierokular durch die hintere Öffnung durch den Tubus nach vorn, so sehen wir den reflektierten hellen Punkt. Dieser muss genau in der Mitte der verschiedenen Blenden und Ringe, durch die wir schauen, stehen. Dann ist alles in Ordnung.

Es gibt zwei Fehlermöglichkeiten für eine Dejustierung:

a) Der Okularauszug mit dem Okular darin sitzt schief im Tubus oder nicht in der Mitte.

b) Das Objektiv sitzt schief im Tubus. Punkt (a) muss zuerst korrigiert werden. Falls (was meistens der Fall ist) keine speziellen Justierschrauben am Okularauszug vorhanden sind, sollten die Schrauben, mit denen der Okularauszug am Tubus befestigt ist, gelockert werden. Der Auszug wird dann vorsichtig per Hand in eine Position bewegt, in der die Justierung nach Einblick ins Justierokular oder nach Test mit dem Laserjustierer möglichst gut ist. Dann die Halteschrauben wieder anziehen.

Die Justierung des Objektivs erfolgt entweder durch Nutzung der evtl. vorhandenen speziellen Justierschrauben, die vorsichtig (!) betätigt werden,

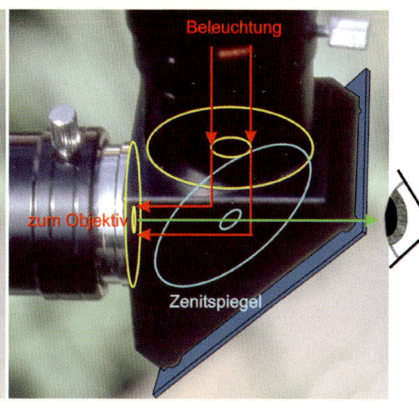

12.5 So kann man sich aus einem alten Zenitspiegel eine Justierhilfe selbst bauen.

oder wiederum durch leichtes Lösen der Befestigungsschrauben am Tubus. Wenn das Objektiv mit einem Gewinde in den Tubus gedreht ist, versuchen Sie eine bessere Justierung zu erreichen, indem Sie das Objektiv (als Ganzes) im Tubus drehen.

Bei einem Newton-Spiegelteleskop wird zuerst der Okularauszug, dann der Fangspiegel und zuletzt der Hauptspiegel zentriert und justiert. Die Justierhilfen sind dieselben wie beim Refraktor. Da das Licht vom Hauptspiegel automatisch reflektiert wird, entfällt hier die schwarze Pappe mit dem hellen Punkt in der Mitte. Dafür kleben wir in der exakten Mitte des Hauptspiegels einen kleinen weißen Kringel auf, wie er z. B. als Verstärkung für gelochte Dokumente erhältlich ist. Das ist dann unser Zielpunkt. Zugegeben, dieses Thema kann für den Einsteiger ein Problem bedeuten, mit dem er mangels Erfahrung nicht fertig wird. Vieles versteht man auch erst dann, wenn man es einmal praktisch vorgeführt bekommen hat. Aber denken Sie daran: Wenn Ihr Teleskop kein gutes Bild liefert, selbst bei optimaler Luftruhe nicht, dann schadet es auch nichts, daran „herumzuschrauben". Ob Sie bei einem neu erworbenen Teleskop allerdings lieber Ihren Gewährleistungsanspruch gegenüber dem Verkäufer durchsetzen wollen – diese Entscheidung müssen Sie selbst treffen.

Bevor Sie sich jedoch nach einem eventuellen Misserfolg bei der Prüfung und Verbesserung der Justierung Ihres Teleskops entmutigt fühlen und das schönste aller Hobbys, die Astronomie, „hinschmeißen" – holen Sie sich doch erst mal Hilfe bei erfahrenen Amateurastronomen, z. B. bei den kompetenten Leuten der „Fachgruppe Amateurteleskope/Selbstbau" der Vereinigung der Sternfreunde.

Ich wünsche Ihnen viel Erfolg mit Ihrem Teleskop und viel Freude beim Beobachten.

Impressum

Umschlaggestaltung von ᵉStudio Calamar unter Verwendung einer Aufnahme der Bildagentur Astrofoto.
Mit 60 Farb- und Schwarzweißfotos, 49 vierfarbigen Illustrationen von Gerhard Weiland sowie 12 Monatssternkarten und drei Illustrationen von Gunther Schulz.

Bibliografische Information der Deutschen Bibliothek:
Die Deutsche Bibliothek verzeichnet diese Publikation in der Deutschen Nationalbibliografie. Detaillierte bibliografische Daten sind im Internet über http://dnb.ddb.de abrufbar

Gedruckt auf chlorfrei gebleichtem Papier
© 2005, Franckh-Kosmos Verlags-GmbH & Co. KG, Stuttgart
Alle Rechte vorbehalten
ISBN-13: 978-3-440-10268-8
ISBN-10: 3-440-10268-9
Redaktion: Sven Melchert
Produktion: Siegfried Fischer
Printed in Czech Republic/Imprimé en République Tchèque

Informationen senden wir Ihnen gerne zu

Bücher · Kalender
Experimentierkästen · Kinder- und Erwachsenenspiele

Natur · Garten · Essen & Trinken
Astronomie · Hunde & Heimtiere
Pferde & Reiten · Tauchen
Angeln & Jagd · Golf
Eisenbahn & Nutzfahrzeuge
Kinderbücher

KOSMOS

Postfach 10 60 11
D-70049 Stuttgart
TELEFON +49 (0)711-2191-0
FAX +49 (0)711-2191-422
WEB www.kosmos.de
E-MAIL info@kosmos.de

ERLEBNIS ASTRONOMIE
Mit uns macht Ihr Hobby richtig Spaß!

WIR BIETEN:
- ★ Beratung und Betreuung durch Hobby-Astronomen
- ★ Mitgliederzeitschrift: VdS-Journal (3 Hefte im Jahr, über 400 Seiten Inhalt Beiträge aus allen Amateurbereichen!)
- ★ VdS-Fachgruppen
- ★ Tagungen und Sternfreundetreffen
- ★ Vergünstigte Zeitschriftenabonnements
- ★ VdS-Sternwarte und VdS-Jugendlager

VdS-JOURNAL:
- ★ PRAXISNAH
- ★ TIPPS UND TRICKS
- ★ ERFAHRUNGSBERICHTE
- ★ Umfassende INFORMATIONEN
- ★ BEOBACHTERFORUM
- ★ TERMINE
- ★ IMPRESSIONEN, und vieles mehr...

VdS – Vereinigung der Sternfreunde e.V.

INFO-BROSCHÜRE: VdS-Geschäftsstelle, Am Tonwerk 6, 64646 Heppenheim
INTERNET: www.vds-astro.de   **E.MAIL:** vds-astro@t-online.de

Große Infobroschüre und VdS-Journal zur Probe 4,59 €